村田吉弘的日式料理

轻轻松松按比例调味

（日）村田吉弘·著

罗莉萍　陈轩·译

U0209048

化学工业出版社

·北京·

目 录
CONTENTS

做菜，是一件不可思议的事。并不是调料越复杂、烹饪过程越繁琐，菜就越好吃。

尤其是家常菜，不要放不需要的东西，不用做多余的事。

日式菜肴的调味往往被认为是一件难事，可实际上，通过简单的比例就能完成。只要掌握这简单的比例，做起家常菜来万无一失。你是不是在调味上总是拿捏不准？让本书来教你用简单的调料做出味道不一般的菜肴吧！

说明：

· 本书材料表中的"热量"指分摊到每个人的大概的能量，"时间"指大概的烹饪时间。

· 本书使用的量杯容量为200ml，量匙为大勺15ml、小勺5ml（1ml=1cc）。

· 使用微波炉时，请熟读各自生产商的使用说明书，正确使用。尤其是使用有金属部件的容器和非耐热玻璃容器、漆器、耐热温度不满120℃的塑料容器等容器时，可能导致故障和事故，敬请注意。

· 本书中展示的微波炉工作功率为500W。若使用600W产品，请按0.8倍的时间执行；若使用400W产品，请按1.2倍的时间执行。

调味的基本比例

1：1

当别人问你擅长做什么菜时，如果你说你擅长做土豆烧牛肉、炒牛蒡丝、干烧鱼，对方会觉得你很会做日式菜肴。尽管这些简单的小菜，无论是材料还是烹饪方法都不复杂，但很多人都做不好。

很多人实际动手做的时候，总觉得味道不对，一会儿加酱油、一会儿加糖，结果离"基本的味道"越来越远。

既然是简单的小菜，调味也干脆简单些吧。酱油和味淋 1∶1 即可。

调料有这两样就够了。无论你用老抽还是生抽，这个比例也不变。这么一说，就一定有人会问，"不放酒吗？""不需要糖吗？"

只要用了本味淋，就不需要加酒和糖了。味淋是在蒸熟的糯米和米曲中加入烧酒等发酵并除去水分制成的，已经兼备酒和糖的风味。但是，只有纯正的"本味淋"才能"担此重任"。而"味淋口味调料"中的酒精成分极低，不足1%，为了补足甜度还加入了甜味剂，按照1∶1的比例是做不出"基本味道"的。

所以，要用 1∶1 的酱油和味淋，且味淋要用本味淋。

在这两条原则的指导下，我们试着做下面的菜吧。你会发现做出来的味道非常正宗。这就是日式菜肴的"基本味道"，令人胃口大开的味道。

1∶1

（酱油∶味淋）

味淋

用好的材料，就能做出美味的菜。同样的，用好的调料，做菜的水平就会更进一步。

首先我希望大家重新认识的调料，就是味淋。味淋是以糯米、米曲、烧酒为原料做成的甜酒，原本是一种饮料。之所以要把真正的味淋称作"本味淋"，是因为它出现了形形色色的"亲戚"。比如酒精度数低的"味啉口味调料"和加入了盐分而不再能当饮料喝的"发酵调料"。

它们的差异，只要试着喝一口就知道了，味淋很好喝。在我家，有时会加冰块喝。经过长达数十天的发酵，味道甜而不腻。这种味道不是用甜味剂能做出来的。味淋能使料理光鲜诱人，还能防止菜肴煮烂。只是，加入味淋后烹调时间过长会导致肉和鱼变硬，所以请记住放了味淋后要快速完成烹饪，或者在食材差不多熟了的时候再放。

5

土豆烧牛肉

热量：270千卡

时间：20分钟

无论是从材料还是调味上来看，没有比这道菜更简单的了。
这么简单又美味的土豆烧牛肉，可是独一无二的哦。

1：1
老抽60ml
味淋60ml

材料（4人份）

混合调料（1：1）
- 老抽 60ml（4大勺）
- 味淋 60ml（4大勺）

牛肉 250g
土豆 3个
洋葱 2个
豌豆角 12根
色拉油适量

做法：

1 向混合调料中加入480ml水。

2 土豆去皮并挖掉芽，切为6~8等分，裹上保鲜膜，放进微波炉加热6分钟（图1）。

3 洋葱纵向切成两半，再顺着纤维切成1cm宽的片。牛肉切片。

4 往锅里放少许色拉油，加热。放入洋葱片和土豆块翻炒（图2）。材料都均匀地粘上油后加入第1步的混合调料。

5 加进牛肉片，用筷子快速拨散（图3），用大火煮开，沸腾后将火调小，盖上锅盖（图4），煮约7分钟。

6 汤水剩大约1/3时拿起锅盖（图5），放入去筋的豌豆角，再熬约1分钟，装盘即可。

图1：如果用微波炉，土豆就不容易烂，而且方便快捷。土豆之后还要煮，所以不要加热到太软。

图2：洋葱和土豆稍微炒一下即可。不要炒透了，只要过个油就好。

图3：煮开前把牛肉片加进去，要完全拨散之后再把火调大。汤水沸腾之后再加牛肉片的话，牛肉片会结块的。

图4：煮开之后把火调小，盖上锅盖。不必去掉浮沫。如果是木盖务必用水沾湿后使用。

图5：汤水减少到如图程度，即可拿起锅盖。之后您可以根据自己的喜好调节继续熬制的时间。越熬味道越浓。

煮比目鱼

热量：180千卡

时间：10分钟

这道菜只要做好事先处理，用1∶1的调料就能做得很美味。

1∶1
老抽60ml
味淋60ml

材料（4人份）

混合调料（1∶1）
┌ 老抽 60ml（4大勺）
└ 味淋 60ml（4大勺）
比目鱼 4块（1块约150g）
牛蒡 1根
豌豆角 12根
生姜（切丝）1块

做法：

1　向混合调料加水480ml。

2　在比目鱼肉上划几刀（图1）。

3　把锅里的水烧沸，将第2步处理好的鱼块烫一下（图2），放进竹篓里沥干。

4　牛蒡用刷子洗净，切为3cm长的条。较粗的部分竖着切成两半（图3）。

5　将第1、3、4步完成的材料放进大锅里（图4），盖上盖，开大火。

6　去掉豌豆角的筋，用另一口锅焯一下。

7　第5步的汤水剩1/3时，取下盖，把火调小，用汤水浇在比目鱼上，再熬1~2分钟（图5）。

8　加上第6步焯好的豌豆角，使之吸收汤水，关火。将比目鱼装盘，加上牛蒡条和豌豆角，配上生姜丝即可。

图1：在鱼肉上划口子，不但起到装饰作用，而且可以使鱼肉更入味，还可防止鱼皮破裂，使成品更美观。

图2：将鱼块在热水中焯一下可去掉腥味（参照第29页）。但要注意不要焯太久，否则味道会变淡。

图3：牛蒡是煮比目鱼时的"配料"，在去除比目鱼腥味的同时还能吸收鱼肉的味道，变得更美味。

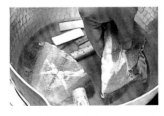

图4：使用的锅要大，避免比目鱼重叠。如果一次放不下，不要怕麻烦，可以分两次煮。

图5：取下盖子后，用勺子把汁水浇到鱼肉上。这样即使不翻面也可以入味，还不易煮烂，色泽完好。

小白菜煮油豆腐

1：1
生抽20ml
味淋20ml

相对于关东的土豆烧牛肉，这道小白菜煮油豆腐是京都的必备家常菜。

为了保持材料的浅淡原色，要使用生抽。

热量：90千卡

时间：8分钟

材料（4人份）

混合调料（1：1）
- 生抽 20ml（4小勺）
- 味淋 20ml（4小勺）

小白菜 300g

油豆腐（大）2块

小鱼干 10条

做法：

1　将小白菜切段，沥干。油豆腐切成易食用的大小。

2　在锅里放入300ml水和小鱼干一起煮沸后，加入混合调料和油豆腐块，用中火煮。

3　油豆腐块煮软后加入小白菜段（图），煮至小白菜段变软。

4　装盘，如有青柚子皮丝，可以加上。

图：同时放入小白菜的茎和叶，吃起来菜叶柔软，菜茎松脆，口感不同才有意思。

炒牛蒡丝

1 : 1
老抽40ml
味淋40ml

做这道菜时，如果您觉得切丝麻烦，可以用刮皮器。
炒的时候动作要快，这样炒出来的菜才清脆爽口。

热量：100千卡

时间：10分钟

材料（4人份）

混合调料（1：1）

┌ 老抽 40ml（1/5杯）
└ 味淋 40ml（1/5杯）

牛蒡 1根
魔芋1/3块
鱿鱼丝 50g
胡萝卜 1根
红辣椒（切圆薄片）1/2根
炒白芝麻、色拉油各适量

做法：

1 把牛蒡洗净，用刮皮器刮成丝，过一遍水。把魔芋、鱿鱼干切成和牛蒡长度相同的细丝。把胡萝卜切成细丝，用开水烫一下。

2 往锅里放色拉油，加热，放入红辣椒，炒香后，加入魔芋丝炒。

3 依次加入鱿鱼丝、胡萝卜丝、牛蒡丝，翻炒，然后加入混合调料。

4 炒至没有汤水，撒上炒白芝麻即可。

红烧肉

1：1
老抽50ml
味淋50ml

这道菜用较短的时间就能做成，但口感稍硬。

如果您喜欢肉质柔软入口即化的，可以用压力锅炖。

热量：580千卡

时间：45分钟

材料（4人份）

混合调料（1：1）
┌ 老抽 50ml（1/4杯）
└ 味淋 50ml（1/4杯）
五花肉 500g
煮鸡蛋 4个
色拉油、辣椒酱各适量

做法：

1　向混合调料中加水400ml。

2　把五花肉切块。锅中热1大勺色拉油，放入五花肉块，煎至肉的表面全部变色，用纸巾吸除多余的油脂。

3　向完成第2步的锅中加入第1步完成的调料汁和煮鸡蛋，开大火。煮沸后撇掉脏沫，盖上盖，用中火炖40分钟。

4　汤水快煮干时装盘，如有花椒嫩叶，可以撒上一些，加上辣椒酱即可。

茄子煮虾

这道菜的诀窍在于，在炒之前，让虾吸足油。这样虾的味道会被茄子很好地吸收。

能量：170千卡

时间：10分钟

材料（4人份）

混合调料（1：1）

- 老抽、生抽各 30ml（各 2大勺）
- 味淋 60ml（4大勺）

茄子 4根

虾（海虾等）200g

阳荷姜 3个

色拉油2大勺

生粉3大勺

做法：

1 向混合调料中加水480ml。

2 去除虾的壳和背筋，用菜刀拍打成肉糜状。茄子竖着切成两半，再横着切成两半，然后切为1cm宽的条状。阳荷姜切丝，过水。

3 向平底锅放入色拉油，点火前先把第2步做好的虾肉糜放进锅里拌匀。

4 开中火，用筷子拨散虾肉糜，炒至虾肉糜变色之后加入茄子条一起炒（图）。

5 茄子条炒软之后加入第1步的调料，沸腾后把火调小煮约2分钟。在此期间将3大勺生粉溶入等量的水中。

6 茄子条熟后把火调大，淋上第4步的已溶于水的生粉勾芡。

7 装盘，盖上沥干的阳荷姜丝即可。

图：虾肉糜熟了之后会变色，而且会渗出水。此时加入茄子条翻炒，使茄子条和虾肉糜充分混到一起。

味道更丰富的调味比例

1：1：1

接下来要在之前的基本调料的基础上再加一味调料，让味道更加丰富。比例也非常简单，全都是等量的分量。

比如，酱油、味淋再加上等量的醋，就成了口感温和的醋酱油。除了用于醋拌凉菜，还可把它当作一种日式调料淋在沙拉、豆腐上，味道也很好。好像有不少人都不喜欢醋拌凉菜，我希望他们试着去接受醋的味道。如果是100%以米为原料的米醋，不会有令人不适的酸味和涩味。偶尔用柠檬、柚子等榨的汁代替醋的话，除了酸味之外，还能享受到别样的香味。

在1：1的基础上加上酒得到的混合调料，适用于当作照烧的佐料汁和肉菜的调料汁。酒的加入还能去除肉和鱼的腥臊味，调整味道和光泽。

然后就是芝麻酱，可以淋在蒸鸡和蒸茄子上，也可以拿来拌凉菜，是一种万能酱汁。在吃涮肉火锅的时候，带醋的1：1：1和带芝麻酱的1：1：1就可以制成两种酱汁了，不用专门购买市场上的酱汁。

1:1:1

【酱油：味淋：醋（酒、芝麻酱）】

来谈谈酒

大家都认为酒是一种"饮料"。不过在像我这里一样的饭馆中，相比顾客喝的酒，还是用在烹饪上的酒更多，比酱油和味淋都要多。

酒的作用有很多。比如通过酒精的作用去除肉和鱼的腥臊味，使原料变得柔软、易于入味，还可以让料理多一分大米的香味和甘甜。也就是说，对于日式料理来说，酒也是调料的一种。

就像味淋中有"味淋口味调料"一样，酒中也有料理用酒。但是，因为酒是用米发酵而成的，来自粮食的味道能使菜肴更美味，所以我认为不需要使用特地加入了其他味道的酒。所以当有人问我做菜应使用什么酒时，我总是回答："用喝的酒。"就是那些喝一口就让人竖起大拇指的酒。

但是，太好喝的酒不行。

用昂贵的精酿酒，想必菜会更好吃，这样想就错了。精酿酒的酒香和过多的酒味会残留在口中，久久不散。

味淋要用本味淋。酒要用喝的酒。请牢记在心。

芥末猪肉

热量：200千卡

时间：8分钟

这是一道使用冷涮猪肉、有沙拉感觉的菜。
加点儿芥末，味道微辣。

1：1：1
老抽120ml
味淋120ml
醋120ml

材料（4人份）

混合调料（1：1：1）

┌ 老抽 120ml（3/5杯）
│ 味淋 120ml（3/5杯）
└ 醋 120ml（3/5杯）

猪腿肉（切薄片）400g

黄瓜 3根

阳荷姜 4个

芥末泥 适量

做法：

1　向混合调料中加入芥末泥，调和成酱汁（图1）。

2　黄瓜纵向一切为二，除去瓜蒂和种子部分（图2），
　　斜切成薄片后用冷水浸泡。

3　阳荷姜切丝后用冷水浸泡。

4　准备好70~80℃的热水（图3）和足够的冰水。

5　将猪腿肉摊开，放入第4步的热水中，变色后放入冰
　　水中（图4），沥干（图5），切成适当大小，放到第1
　　步的酱汁中。

6　将第2步的黄瓜片中的水分挤掉，摊开到容器中，
　　盖上猪肉片，挤掉阳荷姜丝的水分，盖到猪肉
　　片上即可。

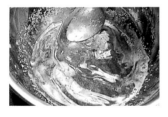

图1：用生山葵做的芥末泥和
市场上购买的熟制芥末或芥
末粉在辣味上有很大不同，
请按实际情况进行调节。

图2：去掉黄瓜的种子部分会
略花时间，但去掉后会好吃
得多。使用镊子的顶部或小
勺子可以顺利去除。

图3：使猪肉美味的诀窍在于
用即将沸腾的热水来焯。若
水已经烧开，就加些凉水降
低温度。

图4：使用70~80℃的热水，
就不用担心猪肉被烫得过熟
而变硬。一变色，就将猪肉
放到冰水中冷却。

图5：猪肉片不仅要放到沥水
篮中，还要用布将水分吸干。
如有水分残留，会使调好的
酱汁变稀的。

日式萝卜沙拉

这道菜使用柑橘类果汁代替醋，味道更香浓，口感更清爽。酸橙也好，柚子也好，请使用当季的。

1：1：1
老抽20ml
味淋20ml
柑橘类果汁20ml

热量：60千卡

时间：5分钟

材料（4人份）

混合调料（1：1：1）

- 老抽 20ml（4小勺）
- 味淋 20ml（4小勺）
- 柑橘类（酸橙、柠檬等）
- 果汁 20ml（4小勺）

萝卜 200g

鱼糕 1/2块

紫菜 1片

芥末泥 1大勺

炒白芝麻 1大勺

做法：

1 萝卜削皮，切为5cm长的条状，泡在水里。鱼糕也切成同样的大小。紫菜用小火烘烤，做成紫菜碎。

2 将芥末泥混到混合调料中。

3 将第1步完成的萝卜条、鱼糕条和炒白芝麻放入碗中搅拌均匀，再浇上第2步完成的调料酱汁，拌好。

4 装盘，上面撒上紫菜碎即可。

注：鱼糕是一种日本独特的熟食品，将白色鱼肉磨碎，加调料，加热而成。

醋拌黄瓜裙带菜

1:1:1
生抽20ml
味淋20ml
醋20ml

在味道温和的混合调料中，加入生姜汁，风味独特。

热量：30千卡

时间：7分钟

材料（4人份）

混合调料（1:1:1）
┌ 生抽 20ml（4小勺）
│ 味淋 20ml（4小勺）
└ 醋 20ml（4小勺）
黄瓜 4根
腌裙带菜 60g
生姜（榨汁）1/2块
盐 适量

做法：

1　黄瓜用足量的盐揉搓，用水洗净。横向切薄片，撒上少许盐。渗出水后轻轻挤掉，再放到少量水里放置片刻。

2　腌裙带菜要换水洗数次，在开水里烫一下，挤干，切成段。

3　向碗中倒入混合调料和榨生姜汁，加入沥干的黄瓜片和裙带菜片搅拌。

4　装盘，如果有紫苏花穗，可以撒上一些加以装饰。

醋拌章鱼山药

1：1：1
生抽20ml
味淋20ml
醋20ml

章鱼、山药，再加黄瓜，色彩缤纷。可以享受三种不同的口感。

热量：70千卡

时间：5分钟

材料（4人份）

混合醋（1：1：1）
- 生抽 20ml（4小勺）
- 味淋 20ml（4小勺）
- 醋 20ml（4小勺）

煮熟的章鱼脚 160g
黄瓜 1/2根
山药 120g
生姜（榨汁）1/2块

做法：

1 章鱼脚切成2cm见方的块。黄瓜也剁成块，但要比章鱼脚块小一圈。山药削皮，切成与黄瓜一样大的块。

2 向碗中倒入混合调料和生姜汁，再加入第1步完成的材料搅拌即可。

灯笼椒烧鸡肉

1 : 1 : 1

老抽30ml

味淋30ml

酒30ml

鸡肉按相同厚度划几刀再烧，这样易熟也易入味，还能防止烧熟变小。

热量：260千卡

时间：10分钟

材料（4人份）

混合调料（1 : 1 : 1）

┌ 老抽 30ml（2大勺）

│ 味淋 30ml（2大勺）

└ 酒 30ml（2大勺）

鸡腿肉 400g

灯笼椒 8个

色拉油、花椒粉各适量

做法：

1 把鸡腿肉切块，用菜刀在各处划几道口子，防止烹饪时肉变小。灯笼椒纵向切一道口子。

2 平底锅中热色拉油，将鸡腿肉带皮的一面向下放入，用中火烧。

3 鸡腿肉的皮烧变色后翻面，再烧5分钟，加入灯笼椒。淋上混合调料，使锅中的材料充分沾上汁水（图）。

4 汁水收干后关火，将鸡腿肉切为易食用的大小，装盘。加上灯笼椒，撒上花椒粉即可。

图：味淋有使肉变硬的作用。要到八分熟之后，再浇上混合调料。

炸豆腐块

1：1：1
老抽20ml
味淋20ml
酒30ml

热量：140千卡
时间：5分钟

除去豆腐的水分，会使豆腐失去风味。在豆腐失水之前，趁热吃掉它。

材料（4人份）

混合调料（1：1：1）
- 老抽 20ml（4小勺）
- 味淋 20ml（4小勺）
- 酒 20ml（4小勺）

老豆腐（木棉豆腐）1块
香葱末、全麦粉、色拉油、干鲣鱼薄片各适量

做法：

1　擦去豆腐表面的水分，撒上薄薄一层全麦粉。香葱切碎。
2　在平底锅中热上色拉油，放入第1步处理好的豆腐，将两面都炸至浅咖啡色。
3　倒入混合调料，把豆腐翻几次面，炸熟。
4　汤水大致收干时就装盘，放上鲣鱼薄片和香葱末即可。

姜汁猪肉

1 : 1 : 1
老抽30ml
味淋30ml
酒30ml

热量：290千卡
时间：7分钟

如果不用生姜泥，而是用榨的生姜汁，成品会很好看。

材料（4人份）

混合调料（1：1：1）
┌ 老抽 30ml（2大勺）
│ 味淋 30ml（2大勺）
└ 酒 30ml（2大勺）
猪里脊肉（切薄片）400g
灯笼椒 12~16个
生姜（榨汁）2块

做法：

1 将混合调料与榨的生姜汁混合。
2 切掉灯笼椒的蒂。
3 加热平底不粘锅，将猪里脊肉摊开放入。
4 猪里脊肉两面都烧得变色之后，将第1、2步完成的材料加入，收汁做熟即可。

照烧油甘鱼

用一个平底锅就可以简单地做出照烧鱼来。
花椒粉很配甜辣酱汁的哦。

1：1：1
老抽80ml
味淋80ml
酒80ml

热量：250千卡

时间：7分钟

材料（4人份）

混合调料（1：1：1）
- 老抽 80ml（2/5杯）
- 味淋 80ml（2/5杯）
- 酒 80ml（2/5杯）

油甘鱼块 4块

花椒粉 适量

做法：

1 用大火加热平底不粘锅，并排放入油甘鱼块，快速地将两面都煎变色。

2 调成中火，加入混合调料，把调料汁浇在鱼块上烧熟。

3 汤水煮干、鱼块上出现光泽就可以装盘。

4 将剩的汤水浇在鱼块上，按喜好撒花椒粉即可。也可以加一些芝麻拌四季豆（参照第26页）。

炸鸡块

1：1：1
老抽10ml
味淋10ml
酒10ml

鸡肉其实比想象的难做熟。油要低温，用小火慢炸就不会失手炸糊了。

热量：360千卡

时间：15分钟

材料（4人份）

混合调料（1：1：1）
- 老抽 10ml（2小勺）
- 味淋 10ml（2小勺）
- 酒 10ml（2小勺）

鸡腿肉 500g

打好的鸡蛋 约 1/2个

生姜汁 少许

蒜泥 1/2小勺

生粉、食用油、柠檬各适量

做法：

1　鸡腿肉切成块状。

2　向碗里放入混合调料、打好的鸡蛋、生姜汁、蒜泥，搅拌。再放鸡肉块，用手揉捏（图），然后放置约5分钟使鸡肉入味。

3　一边加入生粉一边揉捏，直到汤水被吸干。

4　将食用油加热到165℃，将第3步完成的鸡肉块放入，用文火慢炸。炸至浅咖啡色，油滚的声音变小，就把火调大，炸脆后捞起。

5　沥干鸡肉块上的油，装盘，加上四等分（或八等分）切好的柠檬即可。

图：炸鸡块是否美味，取决于鸡肉块是否确实吸收了混合调料的味道。所以要在揉捏好之后稍微放一会儿再撒生粉。

芝麻拌四季豆

1:1:1
老抽50ml
味淋50ml
芝麻酱50ml

要做出香气扑鼻、味道醇厚的芝麻拌菜，有两个诀窍。
一要充分沥干蔬菜表面的水；二是等到要吃的时候再搅拌。

热量：130千卡

时间：5分钟

材料（4人份）

芝麻酱汁（1：1：1）
┌ 老抽 50ml（1/4杯）
│ 味淋 50ml（1/4杯）
└ 芝麻酱 50ml（1/4杯）
四季豆 40根
盐、白芝麻各适量

做法：

1　切掉四季豆的两端，再切成两半，用加了少许盐的滚开水焯一下，放到凉水里冷却，然后沥干。

2　在碗里混合芝麻酱汁的材料。

3　在将要食用时，把第1步完成的材料放进第2步的酱汁中，装盘，撒上白芝麻即可。

芝麻酱蒸茄子

1 : 1 : 1
老抽60ml
味淋60ml
芝麻酱60ml

这道菜虽说是蒸茄子，但也不是非得使用蒸笼类炊具。用微波炉也可以做出色泽良好、柔软饱满的蒸茄子。

热量：150千卡

时间：8分钟

材料（4人份）

芝麻酱汁（1：1：1）
┌ 老抽 60ml（4大勺）
│ 味淋 60ml（4大勺）
└ 芝麻酱 60ml（4大勺）
茄子 4个
盐 适量

做法：

1 茄子去除蒂，纵向切成两条，并在断面撒少许盐，以防止变颜色。放进耐热容器，盖上保鲜膜，在微波炉中热6分钟。

2 等茄子凉了以后，纵向切为4等分，再切为易食用的长度。

3 混合芝麻酱汁的材料，在盘子中倒入适量，将第2步完成的茄子装入，再把剩下的芝麻酱汁浇在茄子上即可。

炖煮菜肴的调味比例

1：1：8

通过1:1的简单比例，相信你已经做出了很多美味的煮菜。这里我给大家透露一个秘密。

煮菜中，除了酱油和味淋之外还有一样重要的东西。没错，就是汤汁。

原则上，1:1:8中的8是指"汤汁"。大家还记得吧，在1:1的煮菜中，我们没有使用汤汁，而是用水。当然，少汤的炒牛蒡丝和多汤的小白菜煮油豆腐是例外，但像土豆烧牛肉、煮比目鱼就是按酱油、味淋的8倍加水（大概没过锅中食材的量）煮出来的。因为这些菜有的本身就有很浓的荤腥味，有的加了小鱼干，口味较重，所以不需要用汤汁。

首先，让我们试着用加入汤汁的1:1:8比例来做菜。在本章的后半部分，我们将用4份的酒+4份的水调出8份的汁水来做鱼。如果还用鲣鱼汤汁的话，鱼腥味会很重。

酒在去掉鱼腥味、使肉质变软的同时，还可以使菜变得更美味。用等量的酒和水，可以做出与鲣鱼汤汁不同的汤水。当然也可以像饭店里一样全部用酒来做，但是酒和水各半，就已经足矣了。

本章讲的是1:1:8和1:1:4:4。数字增加了，做法并不难，试着做就知道了。最后取掉小木盖，将汁水浇在食材上煮至汁水熬干即可。

注：日式菜肴中的汤汁，一般是用鲣鱼、海带、小杂鱼干、香菇干等煮成的汤汁，广泛用于汤菜或炖菜。

1:1:8

（酱油：味淋：汤汁）

开水焯鱼（肉）片·使用小木盖

放进材料的时间，未必是在汤水煮开之后。

煮开之后，不捞脏沫也可以。事先准备蔬菜也可以用刮皮器、微波炉等，但是以下两点不能怕麻烦图省事儿。

一是"开水焯鱼（肉）片"。鱼和肉要在开水里焯一下或用滚开水来回浇。因为这样做之后鱼或肉的表面会微微地变白。这样就能使表面凝固、锁住美味。只要去掉鱼和肉的污垢和黏液，就不会有腥臊味了，烧煮期间也不用捞脏沫。

二是要用"小木盖"。用金属盖等代替也可以，但为了防止材料煮烂，同时为了使汤水沸腾循环，还是准备一个重量合适的木质小锅盖为好。为了防止汤水渗入锅盖，味道无法去除，小木盖要用水沾湿后使用，洗净后务必阴干。若晒干的话，木头会弯曲变形的。

实际上，有的菜要用木盖，有的不用也可以。如果不确定要不要用，那么盖上总是不会错的。请记住，"不确定是否要盖小木盖时，就盖上"。

煮芋头

热量：110千卡

时间：18分钟

芋头黏滑，去皮很麻烦。熟练使用微波炉的话，就能简单地完成。

1：1：8
老抽50ml
味淋50ml
汤汁400ml

材料（4人份）

混合调料（1：1：8）
- 老抽 50ml（1/4杯）
- 味淋 50ml（1/4杯）
- 汤汁 400ml（2杯）

芋头（小）24个

四季豆 16根

做法：

1 芋头洗净放进耐热容器中，盖上保鲜膜，放到微波炉加热20秒。

2 芋头不烫了之后把皮刮下（图1），再放进微波炉加热5分钟（图2）。

3 四季豆切掉两头（图3），切成两半。

4 将混合调料和芋头放进锅里，调中火，盖上的小木盖煮。煮约5分钟，汤水剩下一半时取下盖子（图4），再煮3~4分钟。

5 芋头有光泽之后，加入切好的四季豆稍煮片刻（图5），入味后即可出锅。

图1：芋头黏滑，直接用菜刀刮皮会使人厌烦。放进微波炉稍微加热使之变软后，就可以轻松地刮掉皮了。

图2：刮皮后，再次放进微波炉加热。连焯水倒水的麻烦都省掉了。

图3：四季豆不用事先煮了。饭店为了使四季豆显得翠绿会加盐煮一下，在家里做菜就不用那么麻烦了。

图4：一开始要盖上盖子让汤水在食材中循环。汤水的量减少到图示程度时，拿开盖子，使水分蒸发掉。

图5：加进四季豆，颜色变鲜绿后即可出锅。要是煮黄了，口感就不脆了。

肉末土豆

1 : 1 : 8

老抽50ml

味淋50ml

汤汁400ml

热量：230千卡

时间：20分钟

土豆要煮至将烂不烂。盖上小木盖使汤水充分流转，熬煮不要过度。

材料（4人份）

混合调料（1：1：8）
- 老抽 50ml（1/4杯）
- 味淋 50ml（1/4杯）
- 汤汁 400ml（2杯）

土豆 500g

牛肉末 200g

图：点火前，向牛肉末中加入少量混合调料并摊开，烹调时就不会黏成肉块了，这样卖相会很好看的。

做法：

1 在碗中调好混合调料，从中分盛出3/4杯的量。

2 土豆去皮切为4~6等分，放入耐热容器中盖上保鲜膜，在微波炉中加热6分钟。

3 向锅中放入牛肉末和第1步分盛出来的混合调料，将牛肉末摊开（图），调为大火，用木勺将牛肉末和混合调料混在一起煮。

4 牛肉末煮熟变白之后，加入剩下的混合调料和土豆块，盖上盖子，用大火煮10分钟左右。

5 汤水的量还剩约1/4时取下盖子，用木勺搅拌，以免煮糊。土豆块入味后，连剩下的汤水一起装盘即可，如果有花椒芽，可以加上作装饰。

土佐式炖竹笋

1:1:8
老抽30ml
味淋30ml
汤汁240ml

所谓土佐式炖菜，就是向汤水中加入干鲣鱼薄片，使鲣鱼的美味溶入其中。请加上些花椒芽作点缀。

热量：50千卡

时间：15分钟

材料（4人份）

混合调料（1:1:8）
- 老抽 30ml（2大勺）
- 味淋 30ml（2大勺）
- 汤汁 240ml（1 $\frac{1}{5}$ 杯）

竹笋（已事先煮过的）400g
干鲣鱼片 1把
花椒芽 适量

做法：

1 竹笋接近根的部位切成1cm厚的圆片，在圆片两面的中央各划上一刀（结合起来看像是一个十字），笋尖部位纵向切4等分。

2 向锅中加入混合调料和切好的竹笋，开中火，煮开之后盖上盖煮8分钟左右。

3 竹笋块入味后加入干鲣鱼片，摇动锅使干鲣鱼薄片遍布锅中。装盘，放上花椒芽即可。

红烧什锦

1：1：8
生抽+老抽60ml
味淋60ml
汤汁480ml

为使蔬菜的颜色漂亮，酱油要用一半的生抽，一半的老抽。海带可以用熬过汤汁之后的。

热量：130千卡

时间：25分钟

材料（4人份）

混合调料（1：1：8）
- 生抽 30ml（2大勺）
- 老抽 30ml（2大勺）
- 味淋 60ml（4大勺）
- 汤汁 480ml（2 $2/_5$杯）

海带 30cm
干香菇（小）8个
胡萝卜 1根
牛蒡 1根
藕 1/2节
芋头（小）12个
豌豆荚 12个
盐 适量

做法：

1 用水把海带泡软，切成15cm长、1.5cm宽的条状并打结。把干香菇放进耐热容器，再加温水至刚好浸没干香菇，盖上保鲜膜用微波炉加热2分钟，冷却后，切掉香菇根部。

2 胡萝卜、牛蒡去皮，切滚刀块。

3 藕去皮，切成1cm厚的圆片，放入耐热容器盖上保鲜膜，在微波炉中加热约5分钟。芋头在微波炉中加热约20秒，去皮后再次放入微波炉加热4分钟。

4 豌豆荚去老筋，在盐水中焯一下再放进冷水，沥干。

5 向锅中加入混合调料和第1、2、3步完成的蔬菜，用大火煮开后捞去脏沫，调成中火。盖上盖，煮10分钟左右，使蔬菜变软。把锅拿下灶台，放置冷却。

6 装盘后加上第4步完成的豌豆荚即可，如有花椒芽可配上。

鸡肉牛蒡

1 : 1 : 8

老抽90ml

味淋90ml

汤汁720ml

热量：370千卡

时间：20分钟

这道菜不留汤水，烹调时要使汤水尽量渗到鸡肉和牛蒡中。花椒粉很配这道菜。

材料（4人份）

混合调料（1：1：8）

- 老抽 90ml（6大勺）
- 味淋 90ml（6大勺）
- 汤汁 720ml（3 $3/_5$ 杯）

鸡腿肉 600g

牛蒡 3根

花椒粉、花椒芽各适量

做法：

1. 将鸡腿肉切成大块，在开水中焯一下（参照图片）。牛蒡去皮洗净，若太粗可纵向切成两半，再切成3cm长的段。

2. 向锅中放入混合调料和第1步完成的材料，盖上沾盖并开大火。沸腾后调成中火，煮约15分钟。

3. 汤水的量减少到约1/3时取下盖子，摇动锅使汤水和食材混匀。汤水快要煮干时装盘，撒上花椒粉并配上花椒芽即可。

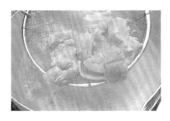

图：与煮鱼时一样，鸡肉也要用热水焯一下，这样可以去掉脏物和多余的脂肪，锁住美味。

蘑菇煮鸡肉

1:1:8
老抽30ml
味淋30ml
汤汁240ml

蘑菇煮了以后，菌伞就会缩小许多，所以要多准备一点。去壳的糖炒栗子用那种在便利店可以买到的小袋装就好。

热量：170千卡
时间：25分钟

材料（4人份）

混合调料（1：1：8）
- 老抽 30ml（2大勺）
- 味淋 30ml（2大勺）
- 汤汁 240ml（1 $\frac{1}{5}$ 杯）

鲜香菇 12个
金针菇 1袋
滑菇 1袋
鸡腿肉 200g
去壳的糖炒栗子 50g
豌豆荚 12个

做法：

1　鲜香菇去掉柄，切成4等分。金针菇切掉较硬的根部，然后切成两半，掰散。滑菇用水清洗，去掉黏液层。

2　鸡腿肉切成大块，在开水中焯一下，用纸巾擦去水分和污物。

3　向锅中放入混合调料和第1、2步完成的材料以及去壳的糖炒栗子，用大火煮开之后调成中火，煮约20分钟直至汤水快要收干。

4　加上去掉老筋的豌豆荚稍微煮一下，装盘即可。可根据喜好撒上花椒粉。

豆腐煮乌贼

1 : 1 : 8
老抽45ml
味淋45ml
汤汁360ml

乌贼最后下锅煮5分钟左右，就不会变得太硬。乌贼的滋味
渗进豆腐里，会很好吃。

热量：180千卡
时间：5分钟

材料（4人份）

混合调料（1：1：8）
- 老抽 45ml（3大勺）
- 味淋 45ml（3大勺）
- 汤汁 360ml（1 $\frac{4}{5}$ 杯）

烤豆腐 1块
乌贼 2只

做法：

1 豆腐切成12等分。乌贼去内脏洗净，躯干切成1cm宽的圆片，须部每根切成2~3段。

2 向锅中放入混合调料和老豆腐块，盖上湿了水的小木盖，用大火煮开之后调成中火，烧约5分钟。

3 加入切好的乌贼，再煮5分钟即可（图）。装盘，如有花椒芽，可以配上。

图：为使乌贼不变硬，要最后下锅。做这道菜时，盖子要一直盖到最后。

鲈鱼炖白萝卜

第29页中已经说过，做鱼时要将1：1：8的比例中的汤汁改成酒和水来做混合调料。因为做菜的素材是鱼，所以就不要用鲣鱼和海带的汤汁，而是用可以去除鱼腥味并能使料理具有发酵大米香味的"酒制汤汁"。鱼可以是任何品种，但要焯一下或油炸之后再开始炖。

热量：340千卡

时间：30分钟

在快餐店和小酒馆颇受欢迎的鲈鱼炖白萝卜，也可以在家里做。因为鱼杂碎比较脏，所以要认真地用热水焯。

1：1：4：4
老抽60ml
味淋60ml
酒240ml
水240ml

材料（4人份）

混合调料（1：1：4：4）

- 老抽 60ml（4大勺）
- 味淋 60ml（4大勺）
- 酒 240ml（1¹/₅杯）
- 水 240ml（1¹/₅杯）

鲈鱼 1条（约600g）

白萝卜 1/2根

盐 适量

做法：

1　鲈鱼切成易食用的大小。

2　白萝卜去皮，切成2cm厚的圆片，放进耐热容器，稍撒一些水，盖上保鲜膜用微波炉加热8分钟（图1）。

3　在锅中烧足量水至沸腾，加入盐，焯鲈鱼（图2），表面变白就马上放进冰水去掉黏液和血（图3），摊放到布上沥干。

4　向锅中放入混合调料和焯好的鲈鱼（图4），萝卜块沥干后也放入。盖上盖子，用中火炖约20分钟。

5　汤水的量还剩约1/4时拿掉盖子，把汤水浇到材料上，直至汤水收干（图5）。装盘，浇上锅中剩余的汤水即可，也可加些姜丝点缀一下。

图：萝卜外侧的纤维较硬，所以削皮的时候削厚点，但扔掉太可惜了。可以把萝卜皮切碎，撒盐再用水洗一下，用力挤出汁水，加到油炒牛蒡丝上，然后用1：1的老抽和味淋调味。

图1：萝卜事先用微波炉加热一下，就不用担心会煮烂。

图2：开水焯鲈鱼的步骤（参照第29页）要切实做好。向滚开水中加盐是为了提高水的沸点。

图3：因为开水焯鲈鱼的目的并不是要把里面的鱼肉也弄熟，所以只要表面变白，就马上放进冰水，认真地洗掉脏沫。

图4：鲈鱼可以从一开始就放进汤水里。因为在汤水烧开之后再放的话，鱼皮会翘起来，鱼肉会被煮烂。

图5：炖到这种程度的时候，萝卜块也已很好地入味了。舀起汤水浇到材料上，可根据喜好决定炖到什么程度。

姜香沙丁鱼

1:1:4:4
老抽30ml
味淋30ml
酒120ml
水120ml

热量：230千卡

时间：25分钟

　　去腥味的生姜要放足。大的沙丁鱼的骨头坚硬，可以在混合调料中加少许醋。

材料（4人份）

混合调料（1:1:4:4）

- 老抽 30ml（2大勺）
- 味淋 30ml（2大勺）
- 酒 120ml（3/5杯）
- 水 120ml（3/5杯）

沙丁鱼（小）20条（600g）

生姜 2块

做法：

1　沙丁鱼去鱼鳞、鱼头、内脏、鱼尾（图），用流水洗净，擦干。

2　生姜去皮，1块切薄片，另1块切细丝泡到水里。

3　在锅中并排放好沙丁鱼，盖上生姜薄片，倒入混合调料。盖上盖，开中火。

4　汤水还剩一半时取下盖子，把汤水来回浇到材料上，继续烧10~15分钟，至汤水收干。

5　连汤水一起装盘，将生姜丝沥干后放上即可。

图：沙丁鱼去鱼鳞后，把菜刀插入鱼鳃，拉动鱼头就可以一起拉出鱼肠了。

马鲛鱼炖裙带菜

1:1:4:4

老抽40ml

味淋40ml

酒160ml

水160ml

我们来做一道春季时鲜的马鲛鱼炖裙带菜吧。这道菜不要煮太久，味道和卖相才更好。

材料（4人份）

混合调料（1:1:4:4）

┌ 老抽 40ml（1/5杯）

│ 味淋 40ml（1/5杯）

│ 酒 160ml（4/5杯）

└ 水 160ml（4/5杯）

马鲛鱼 4块

裙带菜 150g

做法：

1 马鲛鱼在开水中焯过后（参照第29页），放进沥水篮。裙带菜去掉较硬部分，切成易食用的大小。

2 锅中放入焯好的马鲛鱼、混合调料，用中火炖8分钟左右。

3 汤水还剩一半时加入切好的裙带菜（图），炖至变色。装盘并浇上汤水。如有柚子皮，可切成细丝配上。

图：马鲛鱼熟了之后加裙带菜，稍微煮一会儿就好了。不要把汤水炖干，多留一些。

秋刀鱼烧萝卜泥

1：1：4：4
老抽30ml
味淋30ml
酒120ml
水120ml

炸到松脆的秋刀鱼稍微一煮，再加入足量的萝卜泥。秋刀鱼不要只吃盐烤的，偶尔也尝尝这样做出来的吧。

热量：430千卡

时间：20分钟

材料（4人份）

混合调料（1：1：4：4）
┌ 老抽 30ml（2大勺）
│ 味淋 30ml（2大勺）
│ 酒 120ml（3/5杯）
└ 水 120ml（3/5杯）
秋刀鱼 4条
萝卜 1/2根
鸭儿芹茎 1/2束
生粉、食用油各适量

做法：

1 萝卜去皮磨成泥。鸭儿芹茎切成3cm长。

2 去掉秋刀鱼的鱼鳞并切掉头尾。切开鱼肚去除内脏，用流水洗净，再切成4等分。

3 将第2步完成的鱼沥干后粘上生粉，掸掉多余的生粉。放入已经加热到170℃的食用油中，文火炸4~5分钟。

4 向锅中加入混合调料并煮开，再将第3步完成的炸鱼放入，用中火烧约3分钟。

5 汤水剩一半时加入第1步完成的萝卜泥和鸭儿芹茎，稍微煮一下后连汤水一起装盘。如果有青柚子皮，可切细丝配上。

芝麻酱青花鱼

1：1：4：4

老抽30ml

味淋30ml

酒120ml

水120ml

热量：230千卡

时间：20分钟

想让煮菜别有一番风味的话可以试试芝麻酱。加入老抽、味淋和芝麻酱，这样的勾芡恰到好处，味道别具一格。

材料（4人份）

混合调料（1：1：4：4）

┌ 老抽 30ml（2大勺）

│ 味淋 30ml（2大勺）

│ 酒 120ml（3/5杯）

└ 水 120ml（3/5杯）

青花鱼（鱼块）4块

白芝麻酱 2大勺

炒白芝麻、盐各适量

做法：

1 青花鱼在皮肉上划出格子状的口子，在盐开水中焯一下（参照第29页），用布按压去水分。

2 向锅中加入混合调料并加白芝麻酱，然后将青花鱼块划过刀的一面向上放入（图）。点火并盖上盖，烧开后用中火烧约10分钟。

3 汤水还剩1/3时取下盖子，捞取汤水来回浇到鱼肉上，再烧约5分钟。然后将鱼肉装盘，汤水浇到鱼肉上，撒上炒白芝麻即可。

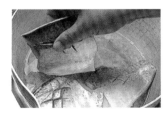

图：把鱼块划过口子的一面向上，成品会比较美观。即便不将鱼肉翻面，只要盖上盖子，汤水也会因为盖子的作用循环到上面来。

味噌青花鱼

在日式菜肴的调味中，另一个不可遗忘的就是味噌调味。到目前为止讲述的调料中，是由酱油来体现咸味和发酵大豆的风味。无论味噌也好，日式田乐酱也好，酸甜酱也好，比例都是很好记的。

热量：210千卡

时间：25分钟

各种味噌的盐分含量不同，要根据汤汁的咸淡程度调整烹调时间。

2 : 1 : 4 : 4
味噌60ml
味淋30ml
酒120ml
水120ml

材料（4人份）

混合调料（2：1：4：4）

┌ 味噌 60ml（4大勺）
│ 味淋 30ml（2大勺）
│ 酒 120ml（3/5杯）
└ 水 120ml（3/5杯）

青花鱼（鱼块）4块

生姜 1块

大葱 2根

盐 适量

做法：

1 在青花鱼皮肉上划几道口子，呈格子状（图1），放到加了适量盐的开水中焯一下（图2）。表面变白后就放入冰水中，用手指去除脏沫，用布按压去掉水分。

2 生姜切薄片，大葱斜切成5~6mm宽。

3 以中火加热平底不粘锅，将青花鱼块划过口子的一面向下放入（图3）。用文火烤，变色后翻面。

4 将青花鱼块的另一面也烤好之后，加入混合调料，再加入第2步完成的生姜片。盖上盖（图4），炖3~4分钟。

5 汤水还剩一半就取下盖子，捞取汤水来回浇在鱼肉上，再炖3分钟（图5）。

6 汤水大致收干时，向锅中还空着的地方放进大葱段，搅拌均匀即可出锅。装盘浇上汤水即可。

图1：在鱼皮上划几刀，鱼肉熟后皮就不会翘起来，鱼肉不易烂，也容易入味。

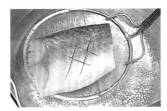

图2：把鱼块放进加了盐的开水中焯，可以很好地去掉鱼腥味。

图3：先把鱼皮划过刀的一面烤好，这是令成品美观的要点。如果用的不是不粘锅，请先放少许油。

图4：煮的时候，鱼划花刀的一面要向上。盖上盖子可以使流动汤水循环上来，不用翻面。

图5：因为青花鱼已经烤过，所以很快就熟了。根据自身喜好调整烹饪时间，并一边来回浇汤水一边收干汤。

田乐酱烤茄子

1 : 1 : 1

白味噌120ml

味淋120ml

酒120ml

热量：210千卡

时间：18分钟

田乐味噌也可以用于田乐酱烤魔芋、田乐酱烤豆腐和酱拌萝卜。偶尔可以尝试加上芝麻酱，让味道更富于变化。

材料（4人份）

田乐酱（田乐味噌）（1:1:1）
┌ 白味噌 120 ml（3/5杯）
│ 味淋 120ml（3/5杯）
└ 酒 120ml（3/5杯）
茄子 4个
色拉油 适量

做法：

1　向锅中加入做田乐酱的材料，开中火烧。为了防止酱料烧焦，要用小木勺不断搅动，熬制7~8分钟，且酱料稠得锅底能留下木勺痕迹（图）。

2　茄子去蒂，纵向切条，用竹签在截面上刺出一些洞来。

3　在平底锅中热上2大勺色拉油，将茄子的截面向下并排放入，用小火慢慢地烤3分钟。翻过来将带皮的一面也烤3分钟，在截面涂上第1步完成的田乐酱。

4　在烤箱中铺上烧烤用的纸，将完成第3步的茄子并排放入，烤到茄子表面变成焦黄色即可装盘。也可以装点上青柚子皮、炒芝麻、花椒芽等。

图：味噌容易糊底，所以要刮着锅底搅拌。熬制的稠度大致以木勺的痕迹能留在锅底为准。田乐酱冷却后会变得更稠一点儿。

冬葱拌乌贼

1 : 1 : 1 : 1
白味噌45ml
味淋45ml
酒45ml
醋45ml

田乐酱和酸甜酱都是烧出来的味噌酱，很耐用。多做一点儿放冰箱里，就随时可以用了。

热量：100千卡

时间：12分钟

材料（4人份）

酸甜酱（1 : 1 : 1 : 1）
- 白味噌 45ml（3大勺）
- 味淋 45ml（3大勺）
- 酒 45ml（3大勺）
- 醋 45ml（3大勺）
冬葱 1根
乌贼（躯干）150g
辣椒酱 适量
酒、生抽各适量

做法：

1 冬葱切掉顶端和根部，用开水烫一下后放进冷水，冷却后放在砧板上。用研磨杵对准葱青部分和葱白部分的交界处，向葱尖方向碾出黏液后，捋出黏液，切成4cm长的葱段。

2 乌贼去皮切成3cm长的条状。向锅中加入适量酒和生抽煮开，放入乌贼，用筷子搅拌烧熟。表面变白后放进竹篓沥干。

3 向锅中放入白味噌、味淋、酒，开小火。用小木勺不断搅动，熬至原本的白味噌那样的稠度。再加醋继续熬，然后拿下灶台，冷却后加入辣椒酱，按自身喜好调节辣度。

4 将第1步完成的干葱和第2步完成的乌贼放入第3步完成的酱料，搅拌后装盘即可，如有陈皮，可配上一点儿。

小菜的调味比例

1：1：10

如果你已能熟练掌握了炖煮料理，那就来挑战一下小菜吧。菜干和煮豆腐渣虽然不能当主菜吃，但这些小菜会让人有"这才是日式料理、这才是妈妈的味道"的感觉，不是吗？而这些在快餐店也是颇受欢迎的。

以前每家每户都有放菜干的坛子，会放羊栖菜、豆子、葫芦条等各种菜干。这种常见的菜就没必要花钱从外面买了。把这些小菜用水泡一泡，再稍微煮一下就可以了，既有营养又经济实惠。

这里需要的比例是1：1：10。

就是相对于1：1：8而言，汤汁的比例更高。也就是说，相比于土豆烧牛肉和红烧什锦而言，成品的味道更清淡。

或许大家不想记那么多，1：1：8就不行吗？这种想法，我理解。

您可能认为8份和10份汤汁的区别可以通过烹调时间来弥补。可是，菜干和豆腐渣固有的味道就比较清淡，所以用1：1：8的话，酱油和味淋的味道会过于突出。

炖煮菜肴用1：1：8的比例。

也请您不要忘了1：1：10这个比例。打开菜干坛，尝试做具有日本特色的小菜吧。

1:1:10

（酱油：味淋：汤汁）

汤汁1

饭馆里每天都会用海带和干鲣鱼薄片做汤汁。无论是煮菜还是高汤都会用到，所以没有足够的汤汁是不行的。而汤汁做得失败的话，别的菜也无法做好。

但是在家里，为了一道菜而专门做汤汁就太麻烦了。但如果因为做汤汁麻烦就不做炖煮菜了，那么我教这些调料比例就没有意义了。所以如果没有时间的话，可以用速溶汤料包。当然，有条件的话我还是希望大家自己好好地做汤汁。因为这样做出来的菜的味道会完全不同，不会有刺激性味道，而是舒爽的美味。

用以下方法可以做出1升的汤汁，如果做完菜有剩余，可以放在冰箱中保存，或冷冻起来，留待后用。冷藏的话，2天内用完为好，如果密封冰冻的话，可以保存3个月。

【纯正汤汁的做法（1升）】
①向锅中加入6杯水、2块用湿布擦过的海带（15cm×10cm），开小火。
②海带周围冒出来的小气泡增多时，把海带捞起，马上关火。加上两块干鲣鱼薄片（27g），马上放进铺好了布（或纸巾）的过滤器。此时，不要用筷子按压或拧挤鲣鱼薄片，而是将过滤器放在碗的上面，等待其水分自然滴下。

羊栖菜

热量：45千卡

时间：20分钟

做羊栖菜时不能把汤熬干，做好后原封不动地冷却使其入味，这样会很美味的。

1：1：10
老抽30ml
味淋30ml
汤汁300ml

材料（4人份）

混合调料（1：1：10）
- 老抽 30ml（2大勺）
- 味淋 30ml（2大勺）
- 汤汁 300ml（1½杯）

羊栖菜 25g
油豆腐 1/2块
胡萝卜（取皮）1根
色拉油 适量

做法：

1 羊栖菜快速洗一下，放进耐热容器中加入足够的水（图1）。盖上保鲜膜在微波炉中弱火加热3分钟（图2），然后放进竹篓沥干。

2 油豆腐切成6~7mm宽的条状。胡萝卜用刮皮器刮取薄薄的一层皮，切成同样宽度的条状（图3）。

3 锅里热上少许色拉油炒胡萝卜皮，均匀地沾上油后加入羊栖菜，再炒（图4）。再加入油豆腐条快速搅拌均匀，加入混合调料。

4 煮开后把火调小，盖上盖，煮约10分钟后取下盖子，用筷子搅动，根据喜好确定收汁程度（图5）。

5 如果有时间，可以原样冷却后装盘，如有花椒芽，可以配上。

羊栖菜

羊栖菜是将芽、茎干、枝叶分开干燥制成。图中所示的细芽称"羊栖菜芽"，较大的枝是"羊栖菜粒"，饭馆中多用，也称为"羊栖菜茎"。家中用哪个都可以，好操作即可。

图1：泡羊栖菜的水要足。大致以羊栖菜的10倍为准。

图2：用水自然泡发当然也可以，但用微波炉的话很快就能泡开成图示的松软状态。

图3：胡萝卜只是点缀，所以用皮就够了。胡萝卜的皮比你想象的好吃哦。

图4：按蔬菜、羊栖菜、油豆腐的顺序下锅翻炒，油豆腐将烂不烂时加入混合调料。

图5：汤水不用全都熬干，略剩一点儿冷却后味道会更好。

干萝卜丝

1：1：10
老抽40ml
味淋40ml
汤汁400ml

这是一道让油豆腐和汤汁的味道渗透到萝卜干中的水煮菜。
到第二天会更入味，风味无穷。

热量：60千卡

时间：12分钟

材料（4人份）

混合调料（1：1：10）
┌ 老抽 40ml（1/5杯）
│ 味淋 40ml（1/5杯）
└ 汤汁 400ml（2杯）
干萝卜丝 40g
油豆腐 1/2块

做法：

1 干萝卜丝洗净，放入耐热容器，加水至刚好没过。
盖上保鲜膜在微波炉加热3分钟后，放到沥水篮中。
冷却后，挤掉水分。

2 油豆腐切成7mm宽的豆腐条。

3 向锅中放入第1步完成的干萝卜丝和第2步完成的油
豆腐条以及混合调料，开中火。烧开后把火调小，
盖上盖，煮6~7分钟即可。

干萝卜丝

将萝卜切成细丝在太阳下晒干，就会变成图示的样
子。这是京都传统家常菜的材料之一。用手在水中
搓洗，去掉脏物和灰尘之后泡发即可。

什锦豆

1：1：10
老抽50ml
味淋50ml
汤汁500ml

　　水煮大豆也和菜干一样用1：1：10的比例就能做出妈妈的味道。完成这道菜后留些汤水，然后第二天回锅后食用。

热量：230千卡

时间：20分钟（不包括泡开海带的时间）

材料（4人份）

混合调料（1：1：10）

┌ 老抽 50ml（1/4杯）

│ 味淋 50ml（1/4杯）

└ 汤汁 500ml（2 $\frac{1}{2}$ 杯）

大豆（水煮）400g

海带 10cm见方

胡萝卜 1/2根

魔芋 1/2块

藕 1/2节

醋 适量

做法：

1　用水把海带泡发，切成2cm见方的小片。胡萝卜去皮，魔芋快速用开水煮一下，分别切成1cm见方的小块。藕去皮，切成5mm厚的薄片。泡在醋水里。

2　向锅中加入第1步完成的材料和混合调料，加入沥干的大豆，点火。烧开之后把火调小，盖上盖，不时搅拌一下，煮10分钟左右。

3　根据喜好收汁，烧熟之后装盘，如有花椒芽，可配上。

豆腐渣

1 : 1 : 10
生抽40ml
味淋40ml
汤汁400ml

　　豆腐渣是做豆腐时的副产品，如果能在豆腐做得好的店里买再好不过了。

热量：170千卡
时间：12分钟

材料（4人份）

混合调料（1 : 1 : 10）
- 生抽 40ml（1/5杯）
- 味淋 40ml（1/5杯）
- 汤汁 400ml（2杯）

豆腐渣 200g
鸡腿肉 100g
木耳 10g
鲜香菇 2个
丛生口蘑 1/4包
胡萝卜 3cm
四季豆 8根
盐、麻油各适量

做法：

1　木耳用水泡发，切碎后沥干。鲜香菇和丛生口蘑去根，切成1cm见方的块。

2　鸡腿肉剁成粗肉末，胡萝卜去皮，切为5mm见方的块。四季豆切掉两端，斜向切成3cm长的小段，放进加了少许盐的滚开水中烫一下。

3　豆腐渣放进食品加工机打约30秒，使之变滑。

4　锅中热上1大勺麻油，炒鸡腿肉末。鸡腿肉末变色后先后加入干木耳碎、胡萝卜块、鲜香菇块和丛生口蘑块翻炒，再加混合调料。

5　烧开后加入第3步完成的豆腐渣，用筷子搅拌，继续煮5分钟。再加入第2步的四季豆段搅和到一起，然后冷却使之入味。

6　装盘，如有切碎的青柚子皮，可以配上。

豆腐渣

将清水煮过的大豆捣碎再榨，就可以制成豆浆。剩下的固体物质就是豆腐渣。不过这可不是无用的渣滓，而是美味且富有营养的食物。

煎煮豆腐

这道菜不用盖上盖子，一直煮到豆腐完全吸收了汤汁。如果用水代替汤汁的话，味道会更清淡。

1：1：10
老抽30ml
味淋30ml
汤汁300ml

热量：140千卡
时间：12分钟

材料（4人份）

混合调料（1：1：10）
- 老抽 30ml（2大勺）
- 味淋 30ml（2大勺）
- 汤汁 300ml（1 $\frac{1}{2}$ 杯）

豆腐 1块
木耳 10g
牛蒡 1/4根
胡萝卜 1/2根
魔芋 1/3块
四季豆 10根
鸡蛋 1个
色拉油 适量

做法：

1　豆腐放入耐热容器，盖上保鲜膜在微波炉加热3分钟，去掉水分。鸡蛋打散。木耳用水泡发，切碎，挤掉水分。

2　牛蒡、胡萝卜去皮，切成3cm长的条状。魔芋也切成同样的大小。四季豆切掉两头，再切成小段。

3　锅中热上少许色拉油，加入牛蒡条和胡萝卜条翻炒。变软之后按魔芋条、木耳碎的顺序加入继续翻炒。

4　整体都沾上油之后，将第1步的豆腐下锅，倒入混合调料。用筷子搅拌，使之吸收汤水，继续煎煮约8分钟。

5　汤水几乎收干时，加入四季豆段和鸡蛋，翻炒至食材呈松散状即可。

时鲜菜肴的调味比例

1：1：15

春天是油菜花、竹笋、豌豆成熟的季节。冬天则吃白菜、萝卜。

虽然现在什么蔬菜一年四季都能吃得到，但时鲜货还是别有滋味的，口感好，更重要的是味道更香。时鲜材料有细腻的风味，即便有些涩味，也令人享受。这种时候，就用以汤汁为主的混合调料来烹调吧。

这次的比例是汤汁充足的 1：1：15。

这就是所谓的京都料理。为了让菜色更好看，酱油要用生抽。而这个混合调料也可以用于拌蔬菜、简单的火锅、关东煮等。

当然了，用同样的材料以1：1：8比例的混合调料来做炖煮菜肴，也很美味，可以让材料充分地吸收酱油和味淋的味道。

而以1：1：15的比例完成的炖煮菜肴，则更注重保留材料的原汁原味。不用熬干汤水，也不用使材料吸足汤水，还可以喝到上等的清淡汤水。

在这个比例下，汤汁味道决定菜的味道，请务必按第49页介绍的方法制作纯正汤汁，或按本页底部介绍的方法制作简单汤汁。

1：1：8的比例利于下饭，1：1：15的比例可以品味汤汁，同样的调料只是变化比例，就能做出如此不同的菜肴，不是很有意思吗？

1:1:15

（酱油：味淋：汤汁）

汤汁2

之前已说过，汤汁要尽可能做味道纯正的，但是天天做，也坚持不下来吧。所以，有时间的话就自己做，没空就用速溶汤料，根据情况灵活应对即可。现在无添加纯天然材料制成的汤料包也很多，尽量选这样的就好。

如果你想提高做日式料理的手艺，那还是常备海带和干鲣鱼薄片为好。哪怕只是加入海带和鲣鱼，速溶汤料的涩味也会变淡许多，会更清淡可口，怎么喝都不腻。

像日式高汤和1：1：15比例的水煮菜，汤汁的味道决定成品的味道，最好是稍花点儿时间自己做汤汁（参照第49页），或者使用以下这种简单汤汁。

【简单汤汁的做法（1升）】

①向锅中加入6杯水、1片用湿布擦过的海带（5cm见方），开小火。

②水烧开后，放入2小勺日式汤料包（颗粒），使之溶解。

③加入一片干鲣鱼片（13g），用筷子一圈圈地搅拌，稍煮片刻，关火。马上用铺了布（或纸巾）的过滤器滤出汤汁。

白菜煮猪肉

热量：440千卡

时间：10分钟

　　白菜的质量、洗菜时沾到的水量会影响到这道菜的味道。最后用盐来调节味道。

1：1：15
老抽+生抽20ml
味淋20ml
汤汁300ml

材料（4人份）

混合调料（1：1：15）
- 老抽 10ml（2小勺）
- 生抽 10ml（2小勺）
- 味淋 20ml（4小勺）
- 汤汁 300ml（1 $1/2$ 杯）

白菜 1/2棵
五花肉（切薄片）400g
细葱（切丝）1/2根
盐、胡椒各适量

做法：

1　白菜切掉较硬的根部（图1），再切成3~4cm宽的大块（图2）。

2　向锅中倒入混合调料，开中火，加入五花肉片，用筷子散开（图3）。

3　加进切好的白菜，盖上盖（图4）。白菜变软之后，开始搅拌，使汤水有效循环，直到煮熟（图5）。

4　可根据自身喜好决定烹调时间，煮好之后加盐调味，装盘，撒上细葱丝、胡椒即可。

图1：在白菜根部划三角形切掉，较硬的部分就能切除干净了，夹菜的时候就不会出现好几片连在一起的情况了。

图2：从菜茎开始切大块，菜叶部分比菜茎部分易煮烂，所以要切大点。

图3：趁着汤水未烧开，尽快把五花肉片拨散。如果担心肉结块儿，也可以拨散之后再点火。

图4：虽说锅中东西不少，但不要担心，请盖上盖。因为白菜本身含有水分，很容易煮熟。

图5：如果您喜欢口感比较脆硬的白菜，煮到如图示的程度就可以了。如果喜欢软烂的，可以再煮一会儿。

大头菜煮油豆腐

1：1：15
生抽40ml
味淋40ml
汤汁600ml

先用油炒大头菜，再用大量汤水煮。这道菜清淡而又醇香浓郁。

热量：90千卡

时间：10分钟

材料（4人份）

混合调料（1：1：15）

- 生抽 40ml（1/5杯）
- 味淋 40ml（1/5杯）
- 汤汁 600ml（3杯）

大头菜（带菜叶）4个
油豆腐（大）1/2块
色拉油 适量

做法：

1　将大头菜根的底部切掉，去皮，再切成6~8等分的半月形。叶切成4cm长的段。油豆腐切成2cm宽的片。

2　锅中用中火热上1大勺色拉油，炒大头菜菜根。均匀沾上油之后加入混合调料，再加油豆腐片，盖上盖。

3　大头菜根变软之后加入菜叶。变软之后连汤水一起装盘，如果有柚子皮丝儿，可以配上。

煮南瓜

1：1：15
生抽30ml
味淋30ml
汤汁450ml

味道浓厚、又咸又甜的南瓜当然好吃，但是以1：1：15的调料比例做出来的南瓜更有一股天然的甜味。

热量：100千卡

时间：15分钟

材料（4人份）

混合调料（1：1：15）
┌ 生抽 30ml（2大勺）
│ 味淋 30ml（2大勺）
└ 汤汁 450ml（2 1/4杯）
南瓜 400g

做法：

1 南瓜去子，去皮，切成易食用的大小，在水里浸泡一下，放进耐热容器，盖上保鲜膜在微波炉中加热3分钟。

2 将南瓜块和混合调料一起下锅（图），盖上盖，开中火。煮约10分钟，使之入味，连汤水一同装盘，如有切碎的青柚子皮，可以配上。

图：想让这道菜有京都风味、煮好后可以保持形状，南瓜下锅时就不要重叠，而要整齐地并排放。

拌茼蒿菜

1：1：15
生抽20ml
味淋20ml
汤汁300ml

蔬菜焯过后冷却，加混合调料迅速烧过再冷却，然后浸泡。
只有这样花费时间去做，才能做出上等拌菜。

热量：30千卡
时间：40分钟

材料（4人份）

混合调料（1：1：15）
┌ 生抽 20ml（4小勺）
│ 味淋 20ml（4小勺）
└ 汤汁 300ml（1¹/₂杯）
茼蒿菜 1把（约200g）
鲜香菇 8个
盐 适量

做法：

1　茼蒿菜切掉茎根部的较硬部分，用加了少许盐的滚
　　开水焯。颜色变鲜绿后放到凉水里冷却，再拧掉
　　水分。

2　将混合调料下锅，开中火，烧开之后加入茼蒿菜。
　　再次烧开之后把茼蒿菜从汤水中捞出，摆到沥水篮
　　里冷却。汤水也关火冷却。

3　第2步的汤水冷却之后，将茼蒿菜切成3cm长的段，
　　重新放入水中，浸泡约30分钟。

4　鲜香菇去梗，不用放油，放在平底不粘锅中烫烤两
　　面，再切成薄片。

5　轻轻拧掉第3步的茼蒿菜的水分，放进碗中，与第4
　　步的香菇片拌到一起。装盘后加入少许汤水即可。
　　如有切碎的柚子皮，可以配上一些。

芥末油菜薹

1：1：15

生抽20ml

味淋20ml

汤汁300ml

热量：30千卡

时间：40分钟

做法与拌菜相同。加入辣椒使之略辣。

材料（4人份）

混合调料（1：1：15）
┌ 生抽 20ml（4小勺）
│ 味淋 20ml（4小勺）
└ 汤汁 300ml（1 $\frac{1}{2}$ 杯）
油菜花 20根
辣椒酱、干鲣鱼片、盐各适量

做法：

1　油菜薹切掉茎的较硬部分，再切成易食用的长度，用加了少许盐的滚开水焯一下，变成鲜艳的绿色之后马上泡到凉水中（图），再拧掉水分。

2　将混合调料下锅烧开，加入油菜薹。再次烧开之后捞起来放到沥水篮中，汤水也要冷却。

3　汤水冷却后加入辣椒酱，再加入油菜薹浸泡30分钟。尝尝味道，如果淡的话加少许生抽。

4　轻轻拧掉油菜薹上的水分，装盘。加入适量汤水，盖上干鲣鱼片即可。

图：油菜薹花千万不要焯过头，变成鲜绿色就要马上泡进凉水里，以防止变黄。

醋熘菜丝

烫一下之后马上冷却，和凉凉的汤水一起品尝吧。

1：1：15
生抽20ml
味淋20ml
汤汁300ml

热量：30千卡

时间：10分钟

材料（4人份）

混合调料（1：1：15）
- 生抽 20ml（4小勺）
- 味淋 20ml（4小勺）
- 汤汁 300ml（1 $\frac{1}{2}$ 杯）

水萝卜 250g

胡萝卜 40g

鸭儿芹茎 1/2把

柚子皮丝 适量

做法：

1 水萝卜、胡萝卜去皮，切成4cm长的条状。鸭儿芹茎切成4cm长的段。

2 混合调料、水萝卜条、胡萝卜条下锅，用中火煮，至还微脆为止。加入鸭儿芹茎段后把锅从灶台拿下，连锅一起放入冰水中冷却。

3 冷却之后，加上柚子皮丝，连汤水一起装盘即可。

煮冻豆腐

1：1：15

生抽30ml

味淋30ml

汤汁450ml

热量：110千卡

时间：15分钟

　　虽然冻豆腐是干货，但还是以1：1：15的比例烹调比较好。我认为有上图所示的这些汤水浸着会更美味哦。

材料（4人份）

混合调料（1：1：15）

> 生抽 30ml（2大勺）
> 味淋 30ml（2大勺）
> 汤汁 450ml（2 $\frac{1}{4}$ 杯）

冻豆腐 4块

豌豆荚 12根

盐 适量

做法：

1 将冻豆腐放进约70℃的热水中浸泡约5分钟，泡软之后去除水分，切成4等分。

2 豌豆荚去除老丝，用热盐水烫一下再放进凉水中。

3 将混合调料和冻豆腐块下锅，开中火，盖上盖，煮约5分钟。冻豆腐块入味后加入豌豆荚，煮约1分钟。

4 连汤水一起装盘即可。如有青柚子皮，可磨碎并撒在豆腐上。

冻豆腐

将豆腐先冻起来，再解冻并除去水分，然后干燥保存。据说发明这种方法的是高野山的和尚，所以在日本也称之为高野豆腐。

关东煮

1 : 1 : 15

生抽+老抽60ml

味淋60ml

汤汁900ml

与其说这是一种日式火锅，不如说这是一种可以当菜吃的关东煮。如果您喜欢重口味的，可以加点辣椒酱和打结海带。

热量：190千卡

时间：60分钟

材料（4人份）

混合调料（1：1：15）

┌ 生抽 30ml（2大勺）

│ 老抽 30ml（2大勺）

│ 味淋 60ml（4大勺）

└ 汤汁 900ml（4$\frac{1}{2}$杯）

白萝卜 1/3根

筒状鱼卷（鱼竹轮）2根

魔芋 1块

煮鸡蛋 4个

辣椒酱 适量

做法：

1 白萝卜切成3~4cm厚的圆片，去皮。放进耐热容器，盖上保鲜膜，在微波炉中加热约6分钟。筒状鱼卷和魔芋切成易食用的大小，魔芋放在滚开水中焯一下。

2 将第1步做好的材料和煮鸡蛋下锅，倒入混合调料，点火，烧开之后调成小火，盖上盖煮40~50分钟。

3 入味后连汤水一起装盘即可，另外用个小碟子装辣椒酱。

虾仁豌豆

1：1：15

生抽20ml

味淋20ml

汤汁300ml

这道菜最好是在豆荚结豆的春天做。宝石一样的绿色和清新的口感，眼福口福同享。

热量：120千卡

时间：10分钟

材料（4人份）

混合调料（1：1：15）

┌ 生抽 20ml（4小勺）

│ 味淋 20ml（4小勺）

└ 汤汁 300ml（1$\frac{1}{2}$杯）

豌豆 200g

虾（无头）320g

生姜泥 适量

盐、生粉各适量

做法：

1　虾去壳、去尾、去背筋，撒上少许盐后揉搓，再用水洗净。放进沥水篮中用滚开水来回浇，再切成大颗虾粒。

2　将1/2大勺的生粉加到等量水中溶解。

3　将虾仁和混合调料下锅，点火烧开后调成小火。虾仁变色后，加入豌豆（图）。

4　等豌豆软到可以用手指压碎，将第2步做好的水溶生粉加入搅拌。勾芡后装盘，加上生姜泥即可。

图：豌豆焯过之后再煮容易煮软，所以不要焯，直接回到汤里。

嫩笋裙带菜

热量：50千卡

时间：20分钟

这是一道将春天时鲜的竹笋和裙带菜组合起来的菜肴。在上面放上很多新树芽来体现季节感吧。

1：1：15
生抽40ml
味淋40ml
汤汁600ml

材料（4人份）

混合调料（1：1：15）
┌ 生抽 40ml（1/5杯）
│ 味淋 40ml（1/5杯）
└ 汤汁 600ml（3杯）
竹笋（预先煮过）400g
鲜裙带菜 160g
干鲣鱼片 1把
树芽 适量

做法：

1 将竹笋接近根部的部分切成1.5cm厚的圆片，在圆片的中央划十字。较大的圆片切成两半。笋尖部分纵向切成两半，再竖着切成4等分。

2 将竹笋和混合调料下锅，开火。把干鲣鱼片包在纱布中放入锅中，盖上盖，用中火烧约15分钟。

3 取下盖子，取出干鲣鱼片的小包，加入鲜裙带菜煮1~2分钟。

4 装盘，浇上汤水，装点上树芽即可。

盖浇饭的调味比例

7 : 5 : 3

盖浇饭，可真是好东西啊。

只是把肉、蔬菜这些现有的东西稍微煮一下，盖到白米饭上而已，却是无比的美味。

盖在上面的菜和下面的饭融为一体，微微渗入米饭的汁水至关重要。

做盖浇饭的调料的比例是 7 ： 5 ： 3。

而 7 ： 5 ： 3 中的 7，就是汤汁。

人们常说，"京都式盖浇饭的汤汁很多，很好吃"，没错，正是如此。

剩下的 5 是味淋，3 是酱油。

与此前的食谱不同的是，这次二者并非等量，而是味淋多出很多。把混合调料稍微煮开之后，尝一下味道，如果没有酒味儿只有香味儿，就OK了。

要注意不要煮过头。尤其是鸡蛋鸡肉盖饭和猪排饭这样用蛋盖浇的，打好的蛋一下锅就要迅速完成，否则就无法品尝到半熟蛋的美味。米饭也要预先盛到碗里，做好准备。

7:5:3

（汤汁 ： 味淋 ： 酱油）

装饰菜

给装盘后的成品附上的些许突出的点缀，就叫"装饰菜"。

调味甜辣的水煮菜，色调多偏暗。当然就那样装盘也可以。如果加上一些如鸭儿芹、切碎的葱等绿色的点缀会令人眼前一亮。食用时也不要把这些拨到一边，尝尝看，有点香味或者辣味，有的还有些许苦味，会让味道温和的菜肴更有滋味。

除了绿色的装饰，还有白色的姜丝、白色的葱丝、红紫色的阳荷姜都很美观。日式香料、辣椒粉、五香粉、花椒粉、炒芝麻等也很好。

这本书中，用到了很多装饰菜，大家不用认为非此不可，只要烹调时家中有就可以放上。但是有些菜我推荐大家使用特定的调料，这种情况我会在材料表中列出来。比如在 7 ： 5 ： 3 比例的

盖浇饭中加花椒粉、在春天的时鲜竹笋和马鲛鱼中加很多花椒芽（树芽）和裙带菜等，我就列在了材料表里。

春天装点花椒芽（树芽）、嫩豆荚，夏天装点青紫苏、阳荷姜。而当柚子皮由绿色变成黄色时，就让人觉得已经是冬天了。考虑味道的平衡，选择有季节感的搭配，是一件愉快的事。

鸡蛋鸡肉盖饭

热量：800千卡

时间：10分钟

鸡蛋鸡肉盖饭是否可口，鸡蛋的生熟程度至关重要。快速过个火，趁热撒上花椒粉尝尝吧。

7：5：3
汤汁140ml
味淋100ml
老抽60ml

材料（4人份）

混合调料（7：5：3）
┌ 汤汁 140ml（7/10杯）
│ 味淋 100ml（1/2杯）
└ 老抽 60ml（4大勺）
鸡腿肉 400g
鸡蛋 12个
细葱 1根
米饭 4大碗
花椒粉 适量

做法：

1 鸡腿肉切块（图1），细葱斜向切段。鸡蛋各自按1人份（3个）分别打好，在大碗里先盛好饭。

2 混合调料下锅，开火（图2），烧开后加入鸡腿肉块（图3）。用中火烧3~4分钟后加入切好的细葱（图4），翻炒片刻。

3 取一个小锅，将第2步完成的材料的1/4倒入小锅，再均匀倒入1人份的打好的鸡蛋（图5）。鸡蛋半熟后浇到碗中的饭上，撒上花椒粉即可。

4 按同样步骤完成剩余的3人份。

图1：鸡腿肉切成小块，会比较容易烧熟，可以缩短烹调时间。

图2：如果有做鸡蛋鸡肉盖饭用的小锅，也可以只下锅1/4的混合调料和材料，逐份烹调。

图3：由于这道菜的鸡腿肉没有焯过水，如果在混合调料烧开前就下锅，会有腥味和泡沫。

图4：这道鸡蛋鸡肉盖饭，放绿葱比白葱合适。稍微煮一下，使盖浇饭有股淡淡的葱香。

图5：哪怕有些麻烦，用小锅逐份完成较容易做好。千万不要煮过头哦。

猪排盖饭

7 : 5 : 3
汤汁105ml
味淋75ml
老抽45ml

用买来的炸猪排，稍花些工夫就能做成豪华的猪排盖饭。如果是用自己家里炸的猪排，那可是提升了好几个档次。

热量：880千卡

时间：6分钟

材料（4人份）

混合调料（7 : 5 : 3）
- 汤汁 105ml（7大勺）
- 味淋 75ml（5大勺）
- 老抽 45ml（3大勺）
猪排 4块
细葱 1/2根
鸡蛋 8个
米饭 4大碗
花椒粉 适量

做法：

1 将猪排每块都切成4~5等分，细葱斜向切段。鸡蛋打好。碗中先盛好饭。

2 混合调料下锅，并排放入猪排，开中火。沸腾后仅取出猪排，将其分别放到饭上。

3 将切好的细葱加到剩下的汤水中煮开，细葱变软之后，均匀浇入第1步打好的鸡蛋，鸡蛋半熟后向碗中逐个倒入1/4的量，依喜好撒上花椒粉即可。

牛肉盖饭

在快餐店中，牛肉饭很受欢迎，家中也能简单快速地做好。自家做的牛肉盖饭更香更美味。

7：5：3
汤汁140ml
味淋100ml
老抽60ml

热量：640千卡

时间：6分钟

材料（4人份）

混合调料（7：5：3）

- 汤汁 140ml（7/10杯）
- 味淋 100ml（1/2杯）
- 老抽 60ml（4大勺）

牛肉 300g

洋葱 1个

蛋黄 4个

米饭 4大碗

花椒粉 适量

做法：

1 牛肉切成易食用的薄片。洋葱切成5mm宽的条。蛋黄逐个放到容器中。

2 混合调料和洋葱条下锅，点火煮开后把火调小，加入牛肉片，用筷子拨散开。

3 牛肉片完全拨散开之后把火调大，煮一会儿，牛肉呈微红状时关火。

4 将米饭盛在碗中，将第3步完成的牛肉片连汤汁一起盖在饭上，中央加上1个蛋黄，撒上花椒粉即可。

图：加牛肉片时要么把火调小，要么关火，仔细地把牛肉片拨散开。否则煮开后牛肉片就会结成团状，并且变硬。

油豆腐盖饭

7：5：3
汤汁105ml
味淋75ml
老抽45ml

    冰箱里只剩油豆腐和葱了，这个时候也不用担心。用7：5：3的调料比例，可以做成清淡美味的盖浇饭。

热量：570千卡

时间：6分钟

材料（4人份）

混合调料（7：5：3）

┌ 汤汁 105ml（7大勺）

│ 味淋 75ml（5大勺）

└ 老抽 45ml（3大勺）

油豆腐（大块）2块

细葱 2把

米饭 4大碗

花椒粉 适量

做法：

1   油豆腐切成5mm宽的条（图）。细葱斜向切段。

2   混合调料下锅，用中火烧开后加入第1步完成的油豆腐条。煮得软后加入切好的细葱，快速翻炒。

3   碗中盛好饭，将完成第2步的材料等量加入，撒上花椒粉即可。

图：使用质量好的油豆腐，可以不用放油。油豆腐一煮就会膨胀，所以切的时候要切细些。

蔬菜盖饭

这是加了很多蔬菜，绿色健康的盖饭。番茄的味道让这道料理略显西式。

7：5：3
汤汁140ml
味淋100ml
生抽60ml

热量：390千卡

时间：10分钟

材料（4人份）

混合调料（7：5：3）
- 汤汁 140ml（7/10杯）
- 味淋 100ml（1/2杯）
- 生抽 60ml（4大勺）

茄子 2个
番茄 2个
四季豆 12根
鲜香菇 4个
灰树花菌 60g
阳荷姜 3个
米饭 4大碗
生粉 适量

做法：

1. 将茄子、番茄、四季豆去蒂，切薄片。鲜香菇去柄切薄片，灰树花菌去柄切成片。

2. 阳荷姜切薄片泡在水里。将1 $\frac{1}{2}$大勺生粉溶解到等量的水里。

3. 将混合调料下锅，用中火烧开后将第1步切好的蔬菜全部下锅（图），煮约2分钟。四季豆煮熟后将第2步已溶于水的生粉环状淋入并搅拌，勾芡后从灶台取下。

4. 碗中盛好饭，将第3步做好的材料等量盖到各碗饭上，再将阳荷姜片沥干，盖在上面即可。

图：因为蔬菜已经全部切好薄片，所以可以一次全部下锅。可以通过四季豆的软硬来确认烧煮程度。

烩饭的美味比例

1：4：6 和 1：3（：3）：120

在有喜事的日子，可以用什锦寿司烩饭庆祝。到了春天，豌豆荚上市了就可以尝试做豌豆烩饭了。而到了秋天，总要做一次松茸烩饭。

在生活的各个场合，会想做些特别的米饭料理吧。为了在想要做的时候就能迅速麻利地做好，请记住使饭食美味的调味比例。

什锦寿司烩饭所使用的寿司醋，要用盐1∶砂糖4∶醋6的比例。在家里能做出这样简单而美味的什锦寿司烩饭，我想一定能让吃的人感动。这里用到的醋和之前介绍醋拌凉菜时一样，请使用比谷物醋温和醇厚的米醋。

这本书中，是按4人份需要2杯米介绍了醋的使用量，如果聚会的人多，米和寿司醋都按倍数增加即可。这里介绍的寿司醋可以保存，做好后请保存在密封瓶中放进冰箱，使用时请记住每2杯米要加3大勺寿司醋。

烩饭的调料比例为盐1∶酒3∶生抽3∶汤汁120。汤汁的量特别的多。所以记忆这个比例时，反而是记住每煮3杯米要加的实际调料分量来得容易。

什锦烩饭、竹笋烩饭、丛生口蘑烩饭等色彩多样的烩饭，是每3杯米（600ml）加等量的汤汁和1小勺盐（5ml）、1大勺酒（15ml）、1大勺生抽（15ml）。而加入豌豆和番薯的烩饭，则省去生抽，并且由于不需要鲣鱼的味道，此时不要加汤汁而要加水，并且要加1块海带。

寿司醋 1 ∶ 4 ∶ 6

（盐∶砂糖∶醋）

烩饭 1 ∶ 3（∶ 3）∶ 120

【盐∶酒（∶生抽）∶汤汁（或水）】

鳗鱼什锦烩饭

1 : 4 : 6
盐7.5ml
砂糖30ml
醋45ml

鳗鱼切得大块一点儿，会有量足的感觉，很美味哦。

热量：490千卡

时间：20分钟（不包括淘米煮饭的时间）

材料（4人份）

寿司醋（1：4：6）
- 盐 7.5ml（1/2大勺）
- 砂糖 30ml（2大勺）
- 醋 45ml（3大勺）

米 2杯

海带 10cm见方

烤鳗鱼 5块

四季豆 16根

佐料汁 适量
- 生抽（2小勺）
- 味淋（2小勺）
- 汤汁（3/4杯）

鸡蛋 3个

炒白芝麻 2大勺

花椒芽、盐各适量

做法：

1 烹调前30分钟淘米后将米泡在水里。之后捞起沥水，再放进电饭煲，加2杯水、海带，煮饭。

2 四季豆斜向切薄片，在加了少许盐的滚开水中焯一下，再放进凉水。在锅中将佐料汁烧开，将已沥干的四季豆放入浸泡一下。四季豆和佐料汁各自冷却，冷却后将四季豆再放进佐料汁中浸泡。

3 烤鳗鱼切成2cm宽的块。

4 鸡蛋打好下锅，加少许盐，开中火，用筷子搅拌，做成炒鸡蛋。

5 寿司醋材料下锅点火，搅拌使盐、砂糖溶解。要注意不要煮沸，否则醋会蒸发掉。

6 饭煮好后焖10分钟，去掉海带。将饭盛入碗中，将温寿司醋均匀倒入饭中，用勺子切割搅匀。将寿司醋搅拌均匀后，就把饭聚拢到碗中央，盖上布冷却。

7 沥干第2步的四季豆，与第3步完成的鳗鱼块、第4步完成的炒鸡蛋一起放到饭上。撒炒白芝麻搅拌，装盘。撕碎花椒芽装点即可。

什锦腌菜烩饭

1：4：6
盐7.5ml
砂糖30ml
醋45ml

这碗饭的配料都是味道爽口的腌菜。即便没食欲，也可以吃得下。

热量：370千卡

时间：12分钟（不包括淘米煮饭的时间）

材料（4人份）

寿司醋（1：4：6）
- 盐 7.5ml（1/2大勺）
- 砂糖 30ml（2大勺）
- 醋 45ml（3大勺）

米 2杯

海带 10cm见方

腌萝卜 100g

米糠酱腌黄瓜 2根

紫苏腌茄子 20g

紫苏叶 8张

炒白芝麻 3大勺

酒 适量

做法：

1 烹调前30分钟淘米后将米泡在水里，之后捞起沥干，再放进电饭煲，加2杯水、海带，煮饭。

2 将腌萝卜、腌黄瓜均切成6~7mm见方的小块，紫苏腌茄子切碎。紫苏叶切细丝泡在水中后沥干。

3 寿司醋的材料下锅，点火搅拌使盐、砂糖溶解。要注意不要煮沸，否则醋会蒸发。

4 饭煮好后焖10分钟，去掉海带。将饭盛入碗中，将温寿司醋均匀倒入饭中，用勺子切割搅匀。搅拌均匀后，就把饭聚拢到碗中央，盖上布冷却。

5 将第2步完成的腌货和白芝麻撒在饭上，搅拌装盘，将紫苏叶细丝放在最上面点缀即可。

鲑鱼什锦烩饭

1：4：6
盐7.5ml
砂糖30ml
醋45ml

鲑鱼的盐分过多就会过咸，请选盐放得少的鱼。

热量：430千卡

时间：15分钟（不包括淘米煮饭的时间）

材料（4人份）

寿司醋（1：4：6）
┌ 盐 7.5ml（1/2大勺）
│ 砂糖 30ml（2大勺）
└ 醋 45ml（3大勺）
米 2杯
海带 10cm见方
鲑鱼（少盐）2块（150g）
咸鲑鱼子 120g
豌豆荚 15个
烤紫菜 2张
盐、酒各适量

做法：

1 烹调前30分钟淘米，之后沥干，再放进电饭煲，加2杯水、海带，煮饭。

2 去掉豌豆荚的老丝，在加了少许盐的滚开水中焯，斜向切段。鲑鱼烤一烤，趁热去鱼皮、鱼骨，将鱼肉搓散。烤紫菜用小火烘烤，做成紫菜末。

3 咸鲑鱼子撒上少许酒。

4 寿司醋的材料下锅，点火搅拌使盐、砂糖溶解。要注意不要煮沸，否则醋会蒸发。

5 饭煮好后焖10分钟，去掉海带。将饭盛入碗中，将温寿司醋均匀倒入饭中，用勺子搅匀。搅拌均匀后，就把饭聚拢到碗中央，盖上布冷却。

6 将第2步完成的材料加到饭上搅拌，撒上咸鲑鱼子即可。

什锦烩饭

1：3：3：120

盐5ml

酒15ml

生抽15ml

汤汁600ml

　　什锦烩饭的菜码也会渗出汤汁，味道溶入米饭中。竹笋饭和丛生口蘑饭也可以用同样的方法来做哦。

热量：500千卡

时间：40分钟（不包括淘米煮饭的时间）

材料（4人份）

混合调料（1：3：3：120）

┌ 盐 5ml（1小勺）

│ 酒 15ml（1大勺）

│ 生抽 15ml（1大勺）

└ 汤汁 600ml（3杯）

米 3杯

鸡腿肉 120g

干香菇 1个

牛蒡 5cm

胡萝卜 1/3根

魔芋 1/3块

做法：

1　烹调前30分钟淘米后将米泡在水里。

2　干香菇在水里泡约10分钟，去柄，切细丝。牛蒡像削铅笔一样削成小薄片，在水里浸泡5分钟，再沥干。

3　鸡腿肉切成1cm见方的小块。 胡萝卜去皮切成2~3mm见方的条。 魔芋用滚开水烫一下， 切成2~3mm厚的薄片。

4　将米从水里捞起沥干，再放进电饭煲，加入混合调料轻轻搅拌。加入第2、3步完成的材料开始煮饭，煮好之后快速搅拌装盘即可。

豌豆烩饭

1：3：120
盐5ml
酒15ml
水600ml

豌豆烩饭不要用酱油和汤汁，保留豌豆的原汁原味。

热量：480千卡

时间：35分钟（不包括淘米煮饭的时间）

材料（4人份）

混合调料（1：3：120）
- 盐 5ml（1小勺）
- 酒 15ml（1大勺）
- 水 600ml（3杯）

米 3杯

海带 10cm见方

豌豆 220g

做法：

1 烹调前30分钟淘米后将米泡在水里。

2 将米从水里捞起沥干，再放进电饭煲。加入混合调料轻轻搅拌，再加海带和豌豆煮饭即可（图）。

图：豌豆烩饭只是将所有材料放进去煮就行。用煮锅做，也是一样的。

松茸烩饭

1 : 3 : 3 : 120

盐5ml

酒15ml

生抽15ml

汤汁600ml

松茸可以用进口的，要多放。它的美味让你不由得心花怒放。

热量：450千卡

时间：35分钟（不包括淘米煮饭的时间）

材料（4人份）

混合调料（1：3：3：120）

┌ 盐 5ml（1小勺）

│ 酒 15ml（1大勺）

│ 生抽 15ml（1大勺）

└ 汤汁 600ml（3杯）

米 3杯

松茸 150g

油豆腐 1/4块

鸭儿芹茎 1/2把

做法：

1 烹调前30分钟淘米后将米泡在水里。

2 松茸用流水快速洗去污渍，去掉较硬的根切成薄片。油豆腐切碎。

3 将米从水里捞起沥干，再放进电饭煲。加入混合调料轻轻搅拌，加入第2步完成的材料煮饭。

4 鸭儿芹茎用滚开水烫一下，放进凉水，再切成3cm长的段。饭煮完后迅速搅拌装盘，撒上鸭儿芹段即可。

汤的美味比例

1：15和1：3：160

从日式料理的特征来看，材料和汤汁的比例有1∶3的，有1∶1的等等，没有汤汁是不行的。早餐要喝有裙带菜和豆腐的简单味噌汤。而吃烩饭和什锦寿司饭时，要搭配上时鲜材料做的清汤。如果是加了很多菜的猪肉汤、松肉汤，那已经能算是一个菜了。

虽说是味噌汤，但在日本，依据地域、家庭的不同，味噌的种类也多种多样。有红味噌、白味噌，有加了曲子的味噌。汤汁也是，有用鲣鱼和海带做的，也有用杂鱼干做的。

所以，这里的味噌汤的比例只是个大概的数字。

味噌1∶汤汁15。

汤中的材料不同，味道也不同。加了味噌之后，不可以烧开哦。不然好不容易做出的味道就没了。煮过了会很咸。

对清汤而言，汤汁的味道就是全部。我推荐各位用海带和鲣鱼做汤汁，而不要用速溶汤料。如果用蛤蜊、蚬做汤，就要用酒和海带加水熬了。因为贝壳类本身就能渗出美味的汤，所以不需要鲣鱼的味道。

另外，做清汤时，汤汁是主角，要加的调料只需一点点，所以汤汁和调料的比例相当不平衡。

盐1∶生抽3∶汤汁160。这样计算起来稍复杂，换个表达就是4杯（800ml）汤汁，要1小勺盐（5ml）、1大勺生抽（15ml），就好记了。做4人份的汤，按这个分量记就行。

味噌汤 1∶15

（味噌∶汤汁）

清汤 1∶3∶160

【盐∶生抽∶汤汁（或水）】

豆腐味噌汤

味噌、豆腐、油豆腐。这碗汤满是大豆的美味。

1 ∶ 15
味噌60ml
汤汁900ml

热量：90千卡

时间：5分钟

材料（4人份）

混合调料（1∶15）
- 味噌 60ml（4大勺）
- 汤汁 900ml（4 $\frac{1}{2}$ 杯）

豆腐 1/2块

油豆腐（大）1/2块

细葱末 适量

做法：

1 豆腐切成1cm见方的小块。油豆腐切碎。

2 用锅将汤汁烧开，溶入味噌。再加上第1步的材料，煮开马上关火。各自盛好点缀上细葱末即可。

裙带菜味噌汤

1：15
味噌60ml
汤汁900ml

海藻类是不可或缺的食材。请每天喝裙带菜味噌汤，可以补充营养。

热量：35千卡

时间：5分钟

材料（4人份）

混合调料（1：15）
- 味噌 60ml（4大勺）
- 汤汁 900ml（4 1/2杯）

腌裙带菜 40g

细葱 1/4把

做法：

1 裙带菜多换几次水清洗并浸泡，沥干，切成3cm长的段。细葱斜向切段。

2 锅中烧开汤汁，溶入味噌，再加腌裙带菜。再次烧开后加入细葱段，马上关火，盛好。

猪肉汤

1：15
味噌60ml
汤汁900ml

这道汤可以用猪肉再加上根菜类、薯类等厨房中常见的材料来做。在冷天喝，身心俱暖。

热量：250千卡

时间：8分钟

材料（4人份）

混合调料（1：15）

┌ 味噌 60ml（4大勺）
└ 汤汁 900ml（4 $\frac{1}{2}$ 杯）

五花肉 200g

鲜香菇 8个

牛蒡 1/2根

胡萝卜 1/3根

魔芋 1/3块

做法：

1　五花肉切成2cm宽的片。鲜香菇去柄，切成4等分。牛蒡像削铅笔一样削成薄片并泡到水里。胡萝卜、魔芋各切成3cm长的段，魔芋烫一烫后沥干。

2　汤汁和第1步完成的材料下锅，点火煮开后调成小火，煮至蔬菜熟为止。

3　溶入味噌，再烧开就盛好，可以根据喜好撒辣椒粉和花椒粉。

鸡蛋汤

1：3：160
盐5ml
生抽15ml
汤汁800ml

　　鸡蛋打好后，要在汤汁煮沸后马上加入，浮起来之后就要关火。

热量：40千卡

时间：5分钟

材料（4人份）

混合调料（1：3：160）
┌ 盐 5ml（1小勺）
│ 生抽 15ml（1大勺）
└ 汤汁 800ml（4杯）
鸡蛋 2个
鸭儿芹茎 1/2把

做法：

1　鸡蛋先打好。鸭儿芹茎切成2cm长的段。

2　锅中加入混合调料，开大火。煮沸后就将打好的鸡蛋慢慢呈环状倒入锅中，用筷子麻利地搅拌。再加鸭儿芹茎段，再次烧开后马上关火，盛好。

蛤蜊高汤

1：3：160
盐5ml
生抽15ml
酒+水800ml

热量：15千卡

时间：7分钟

因为蛤蜊本身会有汤汁渗出，做这道汤不要用鲣鱼汤汁。而要用酒，酒可以去除贝类的腥味，更添美味。

材料（4人份）

混合调料（1：3：160）
- 盐 5ml（1小勺）
- 生抽 15ml（1大勺）
- 酒 50ml（1/4杯）
- 水 750ml（3 $\frac{3}{4}$ 杯）

海带 5cm见方
蛤蜊（已去掉砂石，中等大小）12个
腌裙带菜 30g
花椒芽 适量

做法：

1　洗净蛤蜊。腌裙带菜多换几次水并浸泡，沥干后切成4cm长的段。

2　将材料中水、酒，以及海带、蛤蜊下锅，点火。煮沸后取出海带调成中火，捞取脏沫，继续烧煮。

3　蛤蜊开口就加入盐和生抽调味。再加入腌裙带菜段，再次烧开后马上关火，盛好，用花椒芽点缀即可。

松肉汤

这道汤和猪肉汤一样，可以放各位喜欢的食材，或是厨房中有的材料，什么都可以放。

1：3：160
盐5ml
生抽15ml
汤汁800ml

热量：110千卡
时间：15分钟

材料（4人份）

混合调料（1：3：160）
- 盐 5ml（1小勺）
- 生抽 15ml（1大勺）
- 汤汁 800ml（4杯）

牛蒡（细）1根
胡萝卜 1/3根
油豆腐（大）1/3块
南豆腐 1/2块
芋头 2个
鸭儿芹茎（切碎）适量
麻油、辣椒粉各适量

做法：

1 牛蒡用刷子洗掉泥，像削铅笔一样削成薄片，泡到水里。胡萝卜切成3cm长的条。油豆腐切成1cm宽的条。南豆腐切成2cm见方的小块。

2 芋头洗净放进耐热容器，盖上保鲜膜，用微波炉加热20秒，然后刮去皮。

3 锅中热上1大勺麻油，把牛蒡片、胡萝卜条、芋头下锅翻炒。都均匀沾到麻油后，加入南豆腐块和油豆腐块，炒熟。

4 加入混合调料，烧开之后调成中火，再煮5分钟。盛好之后点缀上碎鸭儿芹茎，根据喜好撒上辣椒粉即可。

佐料汁的调味比例

1：1：7和1：1：5

吃冷面和乌冬面的时候，大家是配什么吃的呢？

现在市面上卖的佐料汁有浓缩型、直接使用型，其中还有诸如追加鲣鱼（用干鲣鱼薄片做出汤汁后，向汤汁中再追加干鲣鱼薄片又取一道汤汁而成，也会加其他东西）这样的好东西，品种多样。按稀释的方法不同，佐料汁也能用作油炸菜肴调味汁或用于炖煮菜肴，所以许多家庭是常备在冰箱中的。而如果大家还记得在酱油和味淋的1：1的比例上再加汤汁的做法，那么也能简单地做出面的佐料汁和油炸菜肴调味汁。

冷面和乌冬面的佐料汁是1：1：7的比例。

酱油要用生抽。烧开后加入干鲣鱼薄片再冷却，这就是"追加鲣鱼"。相对于炖煮菜肴的混合调料，这样的比例更能感受到鲣鱼的风味。

油炸菜肴调味汁是1：1：5的比例。

相对于面的佐料汁，汤汁的比例较小，而酱油要用老抽。

享用凉佐料汁，一定要将混合调料先烧开，蒸发掉酒精再冷却。自家做的佐料汁香而温和，余味清爽，放在冰箱里能保存2~3天。

1：1：7和1：1：5

（酱油：味淋：汤汁）

冷面

1 : 1 : 7
生抽60ml
味淋60ml
汤汁420ml

　　要加进佐料汁的佐料可以根据喜好选择。将柚子皮做成泥加入，没有辣味还很香哦。

热量：220千卡

时间：5分钟（不包括冷却佐料汁的时间）

材料（4人份）

佐料汁（1：1：7）
- 生抽 60ml（4大勺）
- 味淋 60ml（4大勺）
- 汤汁 420ml（4 $\frac{1}{10}$ 杯）

干鲣鱼片 1把

冷面 4把

柚子皮做的泥 适量

做法：

1　将佐料汁的材料下锅烧开，关火，加入干鲣鱼片。不要搅拌，任其冷却，用过滤器过滤放进冰箱冰镇。

2　用橡皮圈固定挂面的一头，用足够的滚开水按包装袋上的做法煮。沥干后放到凉水里，再边用流水冲边用手轻轻捞洗。

3　冷面变凉后沥干，切掉固定的一头，盛进装满了冰水的容器。将佐料汁盛好，根据喜好添加柚子皮泥即可。

天妇罗

1 : 1 : 5
老抽40ml
味淋40ml
汤汁200ml

向口味温和而醇厚的天妇罗调味汁里多加些萝卜泥，味道会更好。

热量：300千卡

时间：15分钟

材料（4人份）

调味汁（1：1：5）
- 老抽 40ml（1/5杯）
- 味淋 40ml（1/5杯）
- 汤汁 200ml（1杯）

虾 12只

灯笼椒 8个

鲜香菇 4个

蛋黄 1个

生粉 2杯

萝卜泥 适量

食用油 适量

做法：

1 将调味汁的材料下锅煮开后马上关火。

2 虾留下尾部，去壳，用竹签去掉背筋。为防止虾在油炸时收缩，在腹部一侧划几刀。

3 灯笼椒去蒂，用竹签扎几个洞。鲜香菇去菌柄，用刀划十字。

4 向蛋黄中加2杯凉水搅拌，再加生粉搅拌好。将食用油热到180℃。

5 将第2、3步完成的材料拍上一层薄薄的生粉，再在第4步做好的蛋黄生粉中蘸一蘸，下锅炸脆。装盘加萝卜泥，配上第1步完成的调味汁即可。

比例一览表

本一览表从本书介绍的菜肴中，挑出主要的40道列举其材料，可剪下贴在容易看到的地方来使用。

土豆烧牛肉
牛肉 250g
土豆 3个
洋葱 2个
豌豆角 12根

老抽60ml（4大勺）
味淋60ml（4大勺）

色拉油 适量

1:1

P6

煮比目鱼
比目鱼 4块（1块约150g）
牛蒡 1根
豌豆角 12根
生姜（切丝）1块

老抽60ml（4大勺）
味淋60ml（4大勺）

1:1

P8

小白菜煮油豆腐
小白菜 300g
油豆腐（大）2块
小鱼干 10条

生抽20ml（4小勺）
味淋20ml（4小勺）

1:1

P10

炒牛蒡丝
牛蒡 1根
魔芋 1/3块
鱿鱼丝 50g
胡萝卜 1根
红辣椒（切圆薄片）1/2根

老抽40ml（1/5杯）
味淋40ml（1/5杯）

炒白芝麻、色拉油各适量

1:1

P11

红烧肉
五花肉 500g
煮鸡蛋 4个

老抽50ml（1/4杯）
味淋50ml（1/4杯）

辣椒酱、色拉油各适量

1:1

P12

芥末猪肉
猪腿肉（切薄片）400g
黄瓜 3根
阳荷姜 4个

老抽120ml（3/5杯）
味淋120ml（3/5杯）
醋120ml（3/5杯）

芥末泥 适量

1:1:1

P16

醋拌黄瓜裙带菜
黄瓜 4根
腌裙带菜 60g
生姜（榨汁）1/2块

生抽20ml（4小勺）
味淋20ml（4小勺）
醋20ml（4小勺）

盐 适量

1:1:1

P19

姜汁猪肉
猪里脊肉（切薄片）400g
灯笼椒 12~16个

老抽30ml（2大勺）
味淋30ml（2大勺）
酒30ml（2大勺）

生姜（榨汁）2块

1:1:1

P23

MEMO

照烧油甘鱼
油甘鱼块 4块

老抽80ml（2/5杯）
味淋80ml（2/5杯）
酒80ml（2/5杯）

花椒粉 适量

1:1:1

P24

炸鸡块
鸡腿肉 500g

老抽10ml（2小勺）
味淋10ml（2小勺）
酒10ml（2小勺）

打好的鸡蛋 约1/2个
生姜汁 少许
大蒜泥 1/2小勺
生粉、食用油、柠檬各适量

1:1:1

P25

芝麻拌四季豆
四季豆 40根

老抽50ml（1/4杯）
味淋50ml（1/4杯）
芝麻酱50ml（1/4杯）

盐、白芝麻各适量

1:1:1

P26

芝麻酱蒸茄子
茄子 4个

老抽60ml（4大勺）
味淋60ml（4大勺）
芝麻酱60ml（4大勺）

盐 适量

1:1:1

P27

煮芋头
芋头（小）24个
四季豆 16根

老抽50ml（1/4杯）
味淋50ml（1/4杯）
汤汁400ml（2杯）

1:1:8

P30

土佐式炖竹笋
竹笋（已事先煮过的）400g

老抽30ml（2大勺）
味淋30ml（2大勺）
汤汁240ml（1 $\frac{1}{5}$ 杯）

干鲣鱼片 1把
花椒芽 适量

1:1:8

P33

红烧什锦
海带 30cm
干香菇（小）8个
胡萝卜 1根
牛蒡 1根
藕 1/2节
芋头（小）12个
豌豆荚 12个

生抽30ml（2大勺）
老抽30ml（2大勺）
味淋60ml（4大勺）
汤汁480ml（2 $\frac{2}{5}$ 杯）

盐 适量

1:1:8

P34

鸡肉牛蒡
鸡腿肉 600g
牛蒡 3根

老抽90ml（6大勺）
味淋90ml（6大勺）
汤汁720ml（3 $\frac{3}{5}$ 杯）

花椒粉、花椒芽各适量

1:1:8

P35

MEMO

蘑菇煮鸡肉
鲜香菇 12个
金针菇 1袋
滑茹 1袋
鸡腿肉 200g
去壳的糖炒栗子 50g
豌豆荚 12个

老抽30ml（2大勺）
味淋30ml（2大勺）
汤汁240ml（1 $\frac{1}{5}$ 杯）

1:1:8

P36

豆腐煮乌贼
烤豆腐 1块
乌贼 2只

老抽45ml（3大勺）
味淋45ml（3大勺）
汤汁360ml（1 $\frac{4}{5}$ 杯）

1:1:8

P37

鲈鱼炖白萝卜
鲈鱼 1条（约600g）
白萝卜 1/2根

老抽60ml（4大勺）
味淋60ml（4大勺）
酒240ml（1 $\frac{1}{5}$ 杯）
水240ml（1 $\frac{1}{5}$ 杯）

盐 适量

1:1:4:4

P38

姜香沙丁鱼
沙丁鱼（小）20条（600g）
生姜 2块

老抽30ml（2大勺）
味淋30ml（2大勺）
酒120ml（3/5杯）
水120ml（3/5杯）

1:1:4:4

P40

味噌青花鱼
青花鱼（鱼块）4块
生姜 1块
大葱 2根

味噌60ml（4大勺）
味淋30ml（2大勺）
酒120ml（3/5杯）
水120ml（3/5杯）

盐 适量

2:1:4:4

P44

田乐酱烤茄子
茄子 4个

白味噌120 ml（3/5杯）
味淋120ml（3/5杯）
酒120ml（3/5杯）

色拉油 适量

1:1:1

P46

冬葱拌乌贼
冬葱 1根
乌贼（躯干）150g

白味噌45ml（3大勺）
味淋45ml（3大勺）
酒45ml（3大勺）
醋45ml（3大勺）

酒、生抽、辣椒酱各适量

1:1:1:1

P47

羊栖菜
羊栖菜干 25g
油豆腐 1/2块
胡萝卜（取皮）1根

老抽30ml（2大勺）
味淋30ml（2大勺）
汤汁300ml（1 $\frac{1}{2}$ 杯）

色拉油 适量

1:1:10

P50

MEMO

干萝卜丝
干萝卜丝 40g
油豆腐 1/2块

老抽40ml（1/5杯）
味淋40ml（1/5杯）
汤汁400ml（2杯）

1:1:10

P52

什锦豆
大豆（水煮）400g
海带 10cm见方
胡萝卜 1/2根
魔芋 1/2块
藕 1/2节

老抽50ml（1/4杯）
味淋50ml（1/4杯）
汤汁500ml（2 $^1/_2$杯）

醋 适量

1:1:10

P53

豆腐渣
豆腐渣 200g
鸡腿肉 100g
木耳 10g
鲜香菇 2个
丛生口蘑 1/4包
胡萝卜 3cm
四季豆 8根

生抽40ml（1/5杯）
味淋40ml（1/5杯）
汤汁400ml（2杯）

麻油、盐各适量

1:1:10

P54

煎煮豆腐
豆腐 1块
木耳 10g
牛蒡 1/4根
胡萝卜 1/2根
魔芋 1/3块
四季豆 10根
鸡蛋 1个

老抽30ml（2大勺）
味淋30ml（2大勺）
汤汁300ml（1 $^1/_2$杯）

色拉油 适量

1:1:10

P55

白菜煮猪肉
白菜 1/2株
猪五花肉（切薄片）400g
细葱（切丝）1/2根

老抽10ml（2小勺）
生抽10ml（2小勺）
味淋20ml（4小勺）
汤汁300ml（1 $^1/_2$杯）

盐、胡椒各适量

1:1:15

P58

煮南瓜
南瓜 400g

生抽30ml（2大勺）
味淋30ml（2大勺）
汤汁450ml（2 $^1/_4$杯）

1:1:15

P61

拌茼蒿菜
茼蒿菜 1把（约200g）
鲜香菇 8个

生抽20ml（4小勺）
味淋20ml（4小勺）
汤汁300ml（1 $^1/_2$杯）

盐 适量

1:1:15

P62

芥末油菜薹
油菜花 20根

生抽20ml（4小勺）
味淋20ml（4小勺）
汤汁300ml（1 $^1/_2$杯）

辣椒酱、干鲣鱼片、盐各适量

1:1:15

P63

MEMO

煮冻豆腐
冻豆腐 4块
豌豆荚 12根

生抽30ml（2大勺）
味淋30ml（2大勺）
汤汁450ml（2 1/4杯）

盐 适量

1:1:15

P65

关东煮
白萝卜 1/3根
筒状鱼卷（鱼竹轮）2根
魔芋 1块
煮鸡蛋 4个

生抽30ml（2大勺）
老抽30ml（2大勺）
味淋60ml（4大勺）
汤汁900ml（4 1/2杯）

辣椒酱 适量

1:1:15

P66

鸡蛋鸡肉盖饭
鸡腿肉 400g
鸡蛋 12个
细葱 1根
米饭 4大碗

汤汁140ml（7/10杯）
味淋100ml（1/2杯）
老抽60ml（4大勺）

花椒粉 适量

7:5:3

P72

牛肉盖饭
牛肉 300g
洋葱 1个
蛋黄 4个
米饭 4大碗

汤汁140ml（7/10杯）
味淋100ml（1/2杯）
老抽60ml（4大勺）

花椒粉 适量

7:5:3

P75

鲑鱼什锦烩饭
米 2杯
海带 10cm见方
鲑鱼（少盐）2块（150g）
咸鲑鱼子 120g
豌豆荚 15个

盐7.5ml（1/2大勺）
砂糖30ml（2大勺）
醋45ml（3大勺）

烤紫菜 2张
盐、酒各适量

1:4:6

P82

什锦烩饭
米 3杯
鸡腿肉 120g
干香菇 1个
牛蒡 5cm
胡萝卜 1/3根
魔芋 1/3块

盐 5ml（1小勺）
酒 15ml（1大勺）
生抽 15ml（1大勺）
汤汁 600ml（3杯）

1:3:3:120

P83

猪肉汤
五花肉 200g
鲜香菇 8个
牛蒡 1/2根
胡萝卜 1/3根
魔芋 1/3块

味噌60ml（4大勺）
汤汁900ml（4 1/2杯）

1:15

P90

松肉汤
牛蒡（细）1根
胡萝卜 1/3根
油豆腐（大）1/3块
南豆腐 1/2块
芋头 2个

盐5ml（1小勺）
生抽15ml（1大勺）
汤汁800ml（4杯）

鸭儿芹茎（切碎）适量
麻油、辣椒粉各适量

1:3:160

P93

MEMO

102

图书在版编目（CIP）数据

村田吉弘的日式料理：轻轻松松按比例调味 ／（日）村田吉弘著；罗莉萍，陈轩译. —北京：化学工业出版社，2017.5
ISBN 978-7-122-29073-1

Ⅰ.①村… Ⅱ.①村… ②罗… ③陈… Ⅲ.①食谱-日本 Ⅳ.①TS972.183.13

中国版本图书馆CIP数据核字（2017）第029466号

北京市版权局著作权合同登记号：01-2016-5674

责任编辑：王丹娜　李　娜
责任校对：边　涛　　　　　　　　　　　　装帧设计：北京八度出版服务机构

出版发行：化学工业出版社（北京市东城区青年湖南街13号　邮政编码100011）
印　　装：北京东方宝隆印刷有限公司
787mm×1092mm　1/16　印张6½　字数100千字　2018年7月北京第1版第1次印刷

购书咨询：010-64518888（传真：010-64519686）　售后服务：010-64518899
网　　址：http://www.cip.com.cn
凡购买本书，如有缺损质量问题，本社销售中心负责调换。

定　　价：68.00元　　　　　　　　　　　　　　　版权所有　违者必究